新 訂

安全指示を
うまく伝える方法

オンラインミーティングを活用した
新しい指示の伝達方法

はじめに

　現場では、安全に作業を進めるため、毎日、いろいろな安全指示が出されています。しかし、その指示がうまく伝わらず、労働災害が発生することがあります。時にそれは、痛ましい死亡災害につながることもあります。

　どうすれば、このような労働災害を撲滅することができるのでしょうか？

　このような問題意識の下、平成25年、「安全指示をうまく伝える方法　言ったつもり、聞いたつもりの勘違い」を出版する機会に恵まれました。その内容は、安全指示がうまく伝わらず発生した労働災害事例、豊富な実務経験を持つ方々にきいた、安全指示がうまく伝わらない原因は何か？　効果的な対策にはどのようなものがあるのか？　などの回答をとりまとめ、さらに「指示を出す人」にスポットをあて、「コーチング」という指導法を用いて、実践的で効果的な安全指示の方法を示しました。

　そしてこの度、本書を改訂することとなりました。新たな内容として、安全指示がうまく伝わらず発生した最新の労働災害事例を加えました。外国人労働者が日本語の指示を理解できずに発生した労働災害などです。また、昨今、新型コロナウイルス感染症の拡大防止のため、オンラインミーティング等の活用が飛躍的に増えていますが、オンラインをうまく活用すれば、安全指示を効果的に伝える現場をつくることができ、そのポイント、実践方策等を盛り込みました。

安全指示をうまく伝えられるようになれば、現場の安全管理を円滑に進めることができます。

　本書が、皆様の現場の安全管理活動に少しでもお役立ていただければ幸いです。

令和3年10月

高木 元也

| 新訂 |
| 安全指示をうまく伝える方法 |

目 次

1 現場の安全指示はとても重要です

1. 指示がうまく伝わらないことはヒューマンエラーの１つ

　毎日、現場では、**作業打ち合わせ、朝礼、ＫＹ活動**（危険予知活動）などで、さまざまな安全指示が出されています。

「今日の足場組立て。まず親綱を張り、作業中は墜落制止用器具を使用すること」
「あそこには、朝一番で立入禁止措置をしておいてくれ」
「開口部を開けたら、すぐに養生し、開口部注意の看板をつけること」

　しかし、**安全指示がうまく伝わらず、それが原因で労働災害が発生する**ことが少なくありません。

指示をしたにもかかわらず、
開口部養生が行われず
　　……墜落

なぜなのでしょうか？

　指示がうまく伝わらないことはヒューマンエラーの１つです。
　指示を出す人も人間、指示を受ける人も人間。人間同士のやりとりにはエラーがつきものです。ゼロにすることはできません。
　しかし、**減らすことはできます**。また、たとえ指示がうまく伝わらなくても、**事故につながらないようにすることも可能です**。

2. 安全指示とは

具体的に、安全指示とはどのようなものを指すのでしょうか？
まず、次の3つのケースがあげられます。

---

1. **朝礼**などで、現場管理者が行う安全指示
2. **現場巡回中**、作業中の職長、作業員に対して行う安全指示
3. **作業中**、職長が作業員に対して行う安全指示

　これらのケースでは、例えば、「墜落制止用器具を使用しなさい」、「重機の作業半径内に立ち入らないように」などと口頭で安全指示が行われます。

　また、**作業打ち合わせ時**、**日報**等に、翌日の作業内容とともに、その作業に対する安全遵守事項が定められます。このような書面上の安全指示もあります。

　さらに、**作業方法の検討**、**作業手順書の作成**などを行うとき、それらの中に盛り込まれる安全注意事項も安全指示といえます。

　このような直接的に安全指示を行うほかには、**安全を確保するための作業指示**も安全指示に含まれます。例えば、「電気作業は停電で行う。さらに、作業前に停電かどうか検電して確かめる」、「配管のふたを開けるときは、事前に残圧がないか確認する」のようなものです。

　また、ＫＹ活動は、作業グループごとに当日の作業の危険を洗い出し、対策を考え、それらの中から本日の行動目標を決め、参加者全員でその行動目標を唱和します。この中で、作業の危険の洗い出しは、現場管理者からの安全指示を踏まえて行われます。

　作業グループが、出された安全指示をいかにして守るか。ＫＹ活動がカギを握ります。

3．安全施工サイクルと安全指示

　安全施工サイクルとは、現場の日常業務の中に、さまざまな安全活動を組み入れていくものです。例えば**図1-1**のように、①作業前の安全朝礼、②安全ミーティング（職長などからの作業指示、ＫＹ活動等）、③作業開始前点検、④作業中の指導・指揮、⑤安全パトロール、⑥安全工程打ち合わせ、⑦持場後片づけ、⑧終業時の安全確認などがあります。

　労働災害防止のため、１日の安全施工サイクルを設定し、それを回し続けることが重要です。

　これら①から⑧までのそれぞれにおいてさまざまな安全指示が出されます。

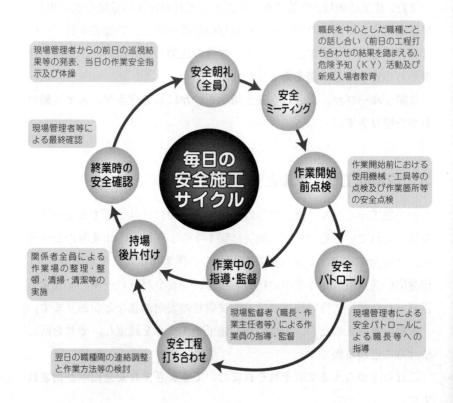

図1-1 安全施工サイクル（例）

４．基本ルールの遵守と安全指示

今の労働災害は、過去に繰り返し発生しているものばかりです。
どうすれば「繰り返し災害」を減らすことができるのでしょうか？

再発防止のためには設備面の対策が有効です。しかし、何から何まで設備面の対策を行うことは難しいのが現状です。

このため、そこで働く人たちが**安全の基本ルールを守り、不安全行動を起こさないことが、**「繰り返し災害」の**防止にとても重要**になります。

しかし、「ルールを守らなくても平気さ！」、「ルールを守るのは面倒だ！」、「作業がしづらい！」などと、危険が軽視され、基本ルールが守られず、今も「繰り返し災害」はなくなりません。

ところで、守らなければいけない基本ルールはどのくらいあると思いますか？

例えば、建設業では、「繰り返し災害」は、墜落災害、重機関連災害、飛来・落下災害、土砂崩壊災害、転倒災害などがあげられます。

これらの再発防止に必要な基本ルールは、50も100もあるわけではありません。わずか17です（**表1-1**）。この17の基本ルールをいかなるときでも守り続けることができれば、**労働災害は間違いなく劇的に少なくなります。**

これらの基本ルールを守るための安全指示は、毎日、現場で、必ずと言っていいほど出されています。何としてでもその指示を守らせる。労働災害防止には、この姿勢が重要になります。

表1-1　建設現場の繰り返し災害を撲滅させるための基本ルール17カ条

基本ルール1	高所作業では墜落制止用器具を使用する
基本ルール2	決められた作業通路を歩き、昇降設備を使う
基本ルール3	開口部の回りを常に養生する
基本ルール4	脚立は正しく使用する
基本ルール5	はしごは正しく設置して使用する
基本ルール6	玉掛け作業は2点づり介錯ロープをつけ、地切りは確実に行う
基本ルール7	いかなる理由があっても、つり荷の下には入らない
基本ルール8	バックホウを用いた荷上げ・荷下ろし作業は、旋回半径内に入らない
基本ルール9	積載形移動式クレーンの荷下ろし作業では、アウトリガーを確実に設置し、つる前につり荷の重さを確かめる
基本ルール10	バックホウの掘削作業では、原則、作業半径内に立ち入らない。やむを得ず立ち入る場合は、必ずオペレーターの了解を得る
基本ルール11	誘導なしではバックさせない
基本ルール12	重機の近くでは、危険から作業員の身を守るため、監視人を置く
基本ルール13	落下防護措置がない場合、上下作業を行わない
基本ルール14	土止め支保工の組立て完了前に、決して掘削穴に入らない
基本ルール15	作業通路を確保する。そこにはつまずくものを置かない
基本ルール16	決められた作業手順は面倒だと感じても必ず守る
基本ルール17	あなたの身を守る保護具を正しく装着する

出所：高木元也監修DVD「これだけは守ろう　基本ルール17カ条」（労働調査会）

5．KY活動と安全指示

　KY活動の標準的な進め方は**表1-2**のとおりです。

　本日の作業内容の説明で、現場管理者から出された安全指示の内容が説明され、それを踏まえ、危険のポイント、その対策などが話し合われます。**出された安全指示をいかに正確に理解し、それに対処しているか**。このKY活動の様子を見ればわかります。

表1-2　KY活動の標準的な進め方

標　準　的　な　進　め　方	
項　目	内　　容
体　操	・全員で体操を行う。
朝　礼	・現場管理者からの訓話、本日の作業内容と注意事項、安全指示等が行われる。
集　合	・作業グループごとに集合する。そのグループの作業リーダー（職長等）がKYミーティングの司会を務める。 ・KYボードを用意する。 ・クレーンのオペレーターも担当作業のKYに加える。
本日の作業内容の説明	・前日の作業打ち合わせ結果、朝礼での話等をもとに作業内容を説明する。 　a．作業内容　　　　e．使用機械 　b．作業場所　　　　f．荷上げの方法 　c．作業の各担当　　g．有資格者の指名 　d．資材の段取り　　h．現場管理者からの安全指示
危険の発見	・本日の作業中における危険な状態や行動について、作業ごとに自由に発言させ、「危険のポイント」を抽出する。
対策の検討	・「危険のポイント」ごとに対策を話し合う。 ・対策を決め、KYボードに書き込む。
行動目標の決定	・それらの中から特に重要な事項を決めて、本日の行動目標とする。
掛け声を掛ける	・決定した行動目標について、全員が、それを書き込んだKYボードに向けて指差呼称をして復唱する。「○○、ヨシ！」「今日も1日、安全作業でがんばろう。オウッ！」

6．多業種による混在作業と安全指示・連絡調整

　建設工事では、数多くの請負業者が混在します。また、多くの工場でも、そこで請負業者が作業を担っています。これらの事業場では、元方事業者が現場全体を統括的に管理する必要があります。

　労働安全衛生法第30条では、元方事業者は、自社及び関係請負人の労働者の作業が、同一の場所で行われることによって生じる労働災害を防止するため、次の事項に関する必要な措置を講じなければならないと定められています。

元方事業者の統括管理業務

1．協議組織の設置・運営
　・安全衛生協議会（災害防止協議会）の設置・運営
2．作業間の連絡・調整
　・朝礼、毎日の作業打ち合わせ等で、元方事業者と請負業者、または請負業者間の連絡調整。
3．作業場所の巡視
　・日々の安全パトロール
4．関係請負人が行う作業員の安全衛生教育に対する指導・援助
　・労働安全衛生法では元方事業者が全作業者を対象に、安全衛生教育を行うことが定められている。
5．工程計画、機械・設備等の配置計画の作成とともに、関係請負人がその機械・設備等を使用する場合、必要な指導を行うこと。

　このような統括管理業務においても、**数多くの請負業者に対する連絡・調整を含めた安全指示はとても重要**になります。

7．安全指示を守らないと「過失相殺」のおそれ

この写真を見て何を思いますか？

墜落制止用器具を使っていません。明らかな不安全行動です。もし、墜落したらどうなりますか？

あなたの周りには、このような不安全行動をしている人はいませんか？

このような不安全行動では、死亡災害となり、残された家族が損害賠償を請求しても、その請求額が大きく減らされることがあります。

あなたは、「過失相殺」という言葉を知っていますか？

「過失相殺」とは、事故の加害者だけでなく、被災者にも過失があった場合、過失の大きさに応じて損害賠償請求額を減らされることをいいます。これは**民法第722条**に定められています。

例えば、作業者が「墜落制止用器具を使いなさい」と指示されていたにもかかわらず、それを使わずに墜落した場合、落下防止ネットなどの「墜落防護措置」を講じなければならない事業者には、加害者として法違反が問われます。一方、被災者にも、**安全指示に従わず、「墜落制止用器具を使用しなかった」という過失**があるため、ここに「過失相殺」が発生し、損害賠償額が大きく減らされることがあります。

　過去の墜落災害事例では、「**過失相殺**」が80％、つまり、被災者に80％もの責任があり、損害賠償額はわずか20％しか請求できなかったものがあります。

　このようなことがないよう、**作業者には「過失相殺」を正しく理解させ、安全指示、安全ルールを守らせる**ようにしなければなりません。

1 のまとめ

現場の安全指示の重要性

1．指示がうまく伝わらないことはヒューマンエラーの1つ

・人間同士のやりとりにはエラーがつきもの。ゼロにはできないが、減らすことは可能。また、事故につながらないようにすることも可能。

2．安全指示とは

・作業開始前、現場巡回中、作業中、作業者などに対して行う安全指示

・日報等、書面上の安全指示

・作業方法の検討、作業手順書における安全注意事項　等

3．安全施工サイクルと安全指示

・安全施工サイクルそれぞれにおいて様々な安全指示がある。

4．基本ルールの遵守と安全指示

・繰り返し発生している災害の防止には、「基本ルールを守る」という安全指示を何としてでも守らせる。

5．KY活動と安全指示

・KY活動の様子をみれば、出された安全指示がどの程度理解されているのかがわかる。

6．多業種による混在作業と安全指示・連絡調整

・元方事業者の統括管理業務においても、数多くの関係請負人に
対する連絡・調整を含めた安全指示はとても重要である。

7．安全指示を守らないと「過失相殺」のおそれ

・安全指示を守らせるためには、作業者に「過失相殺」を理解さ
せるなどして、作業者の安全意識を高める。

安全指示がうまく伝わらずに労働災害が多発しています

　ここでは、安全指示がうまく伝わらず、実際に発生した労働災害事例を見ていきましょう。

1. 大事な指示がなかった

　まずはじめは、指示がなかったことにより発生した労働災害の事例です。現場ではこれが一番多いです。**大事な指示がないと死亡災害が簡単に発生してしまいます。**

　指示を出すべき人が、どこにどのような危険が潜んでいるのかわからない。自分が指示をすべきかどうかわかっていない。時に他人事、誰かがやると思ってしまっています。

事例1 若者に有害化学物質の正しい取り扱いを指示せず

有機溶剤含有塗料を使用し、1人で浴室の塗装作業を行う。翌日、浴室で倒れているところを発見された（22歳、死亡）。

浴室等、密閉された空間の中で、有機溶剤を含んだ塗料を使用すると、どのようなことになるのでしょうか。指示を出すべき人は、有機溶剤中毒の危険を知らなかったのでしょうか？　作業者はわかっていると思って言わなかったのでしょうか？

有機溶剤中毒はとてもおそろしいものです。決して作業者任せにはせずに、作業開始前に、十分な換気を行うこと、通風が不十分な場合は呼吸用保護具を使用することなど、必ず安全指示をすべきです。

事例2 誰も列車の接近を知らせず

線路の砕石を交換するため、線路上、バックホウを自走させて移動中、走行してきた普通列車に追突され、バックホウのオペレーターが被災した（62歳、死亡）。

鉄道工事中に列車に追突された、痛ましい死亡災害事例です。

列車による死亡災害が発生するとテレビ等で大々的に報道されます。ニュースキャスターは、「なぜ、被災者は列車に気づかなかったのか？」、「なぜ、退避の指示がなかったのか？」などと問いかけ、安全指示がうまく伝わらなかったことを大きく問題視します。

　被災者はチェーンソーを用いて伐倒木の枝打ち作業を行っていたところ、近くで伐木作業を行っていた同僚の切った立木が、被災者の後方より倒れてきて激突した（77歳、死亡）。

　立木の伐採・伐倒作業等による死亡災害は多発しています。この事例は、周辺作業者を巻き込んだものですが、チェーンソーで切断した立木がつるに絡んだために倒れる方向が変わるなど、倒そうとした方向に倒せずに死亡災害となっています。

　この作業の危険性の大きさがわかっていれば、労働安全衛生規則に従い、例えば、高さ20mの立木であれば、半径40m内にいるすべての作業者に、立木が倒れてくる危険性を伝え、退避の指示をすべきです。

事例4　硫化水素が発生するおそれがあるところなのに…

　被災者は、深さ約5mの下水道マンホール内での作業を予定していた。マンホール内部にある既設タラップをつたって途中まで降りたとき、硫化水素により意識を失い、マンホールの底まで落下。その後、酸素欠乏症により死亡した（55歳、死亡）。

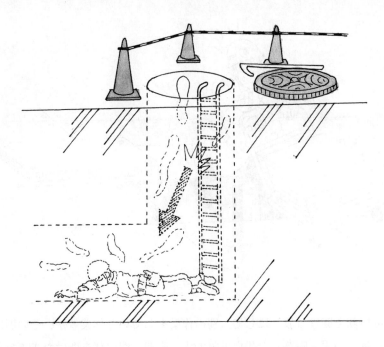

　マンホール内という密閉された空間での死亡災害事例です。マンホール内の作業では、事前に、作業者に酸素欠乏症、硫化水素中毒等の危険を十分に伝え、マンホール内の濃度測定、換気などの指示をしなければなりません。

　翌日の作業に備え、立坑を覆っていた覆工板を一部取り外し、開口部を設けたが、その作業とは関係のない資材運搬していた被災者が、その開口部に気づかず、墜落した（35歳、死亡）。

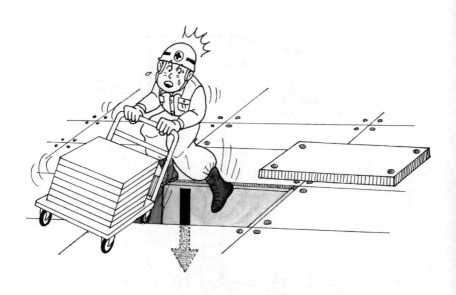

　開口部を開けっ放しにして、別の作業をしていた作業者が、その開口部に気づかず、墜落した死亡災害です。当然、開口部を開けたままで養生しないのはいけません。開けたままにしておくことがいかに危険であるか、もっと真剣に考えるべきです。また、新たに開口部を設ける場合、そのことを周辺で作業する作業者にも伝えるべきです。

事例6　カバーを外したことを伝えなければ…

　メッキ加工処理設備での配管の塗装作業。処理槽の上に取り付けてあったカバーが外されていたが、被災者はカバーがあると勘違いしてカバーの上を渡ろうとし、処理槽の中に落ちて被災した（65歳、死亡）。

　この事例も開口部からの墜落です。処理槽の上に取り付けてあったカバーを外した場合、しっかりと開口部養生を行うことを指示しなければなりません。その周辺で作業する人に対しても、その日、そこに開口部が設けられ、一時的でも開口部が養生されないおそれがあることを伝えることも必要です。

事例7 指示「開口部養生」をきかず、"落とし穴"をつくるとは

倉庫入口のシャッター取替え作業。シャッターを溶断するため、倉庫2階に上がったところ、2階床のブルーシートで覆われた開口部（約2m×1m）から墜落した（50歳、死亡）。

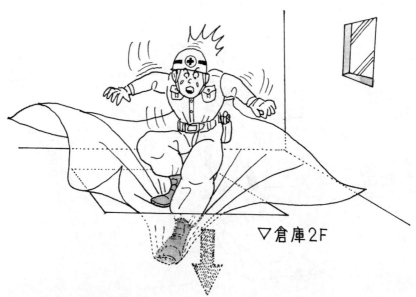

▽倉庫2F

　この事例も開口部からの墜落です。開口部にブルーシートをかけ、まるで落とし穴状態にして、周辺作業者には開口部があることをわからなくするという、きわめて悪質なものです。

　開口部からの墜落死亡災害は多発しています。開口部はいつ何時でも養生することを徹底的に指示するとともに、その指示が守られているか、現場を見て確認することも忘れてはいけません。

事例8　高圧電線とは知らされず…

　作業被災者が屋根に上がって台風で破損した波板のふき替え作業中、側にあった高圧電線（交流6,600V）に近づき感電した（23歳、死亡）。

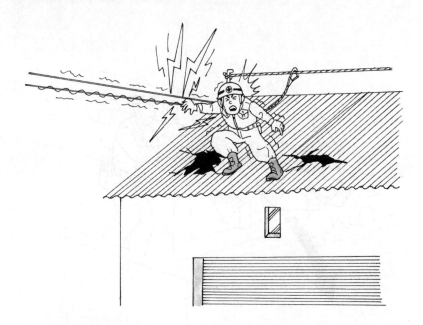

　高圧電線付近で作業をして、誤ってそれに近づき感電する死亡災害も少なくありません。

　高圧電線付近で作業する場合、事前に入念な作業方法を打ち合わせ、必要に応じて電力会社と連絡・調整する必要があります。高圧電線に近づく可能性のある作業状況をすべて洗い出し、1つひとつ近づかないための対策を見出し、いかなる場合でも決して高圧電線に近づかないように指示することが重要です。

作業前、残圧確認の指示がなかったのか？

　配管のエアーテスト終了後、配管端部のキャップを取り外そうとしたところ、配管内の残圧でキャップが飛び、正面にいた被災者が吹き飛ばされ、墜落した（60歳、死亡）。

　配管内に残圧がある危険に誰も気づかず、残圧によりキャップが当たり、吹き飛ばされた死亡災害です。誰かが「残圧があれば非常に危険だ。キャップが飛ぶおそれがある。作業前に残圧がないか確認するように」と事前に指示していればと悔やまれます。また、墜落を防ぐための措置があれば、重篤な災害にならなかった可能性もあります。

事例10　「中には誰もいない」と思い込み、通電してしまう

> 化学プラントで機械内部の清掃作業中、機械の通電テストを実施してしまい、中で作業していた作業者が感電した（58歳、死亡）。

停電にして機械内部を清掃しているにもかかわらず、そこに通電し、感電死亡災害を起こしてしまう。明らかな指示・連絡ミスです。「どうしてこのようなことが起きるのか？」という疑問の声が聞こえてきそうですが、このような労働災害が少なくないのが実情です。

「中には誰もいない」と思い込み、稼働させてしまう

タンク内に新しい配管などを取り付けるため、2名が中に入り、作業していたところ、急にタンク内の撹拌棒が回転し始め、被災した（死亡（58歳）他）。

　タンク内で作業していることを知らずに、タンク内の撹拌棒を動かしてしまう。信じられない死亡災害です。スイッチを入れる前に、なぜ、「タンク内に人がいるかもしれない」と不安がよぎらないのでしょうか。

事例12　そこにいることを伝えなければ…

ベルトコンベアに付着した石炭の残りを取り除くため、ベルトコンベアを稼働させたところ、ベルトとベルトの間に入って鉄骨の塗装作業をしていた被災者がはさまれた（22歳、死亡）。

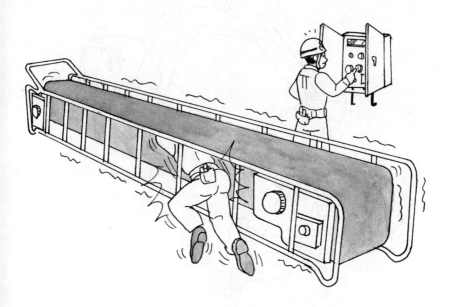

　これも先の2つと同様、誤って機械を動かして発生した死亡災害。今度はベルトコンベアの災害です。

　ベルトコンベアの死亡災害の多くは、清掃等の作業中の作業者がベルトコンベアに巻き込まれたものです。

　バックホウを使って邪魔になっていた解体用アタッチメントを移動。被災者が解体用アタッチメントに手をかけていたにもかかわらず、バックホウのオペレーターは、それに気づかずに動かしたため、手がはさまり負傷した（46歳、休業1カ月）。

　バックホウのオペレーターには死角が多いものです。後方の死角はもちろんのこと、アームの影になり、前方にも死角が生まれます。バックホウで物を移動させようとするときは、必ず合図者による合図が必要です。いつでもこの基本ルールが守られるように、安全指示を出し続けることが必要です。

2．作業者が指示を聞かない

　次は、指示が出されたにもかかわらず、作業者がその指示を聞かず、労働災害が発生した事例です。

事例14　安全指示「墜落制止用器具を使用せよ」が守られず

　木造住宅2階の軒先の雪氷除去作業中、軒先の雪氷とともに転落し、被災した。墜落制止用器具を使用するように指示が出されていたが、被災者は親網に墜落制止用器具を掛けていなかった（67歳、休業2カ月）。

　「墜落制止用器具を使用するように」という安全指示が守られずに墜落・転落した災害は、現場であまりに多く見受けられます。その多くは、作業員が「墜落制止用器具を使うのは面倒だ」と感じて使わないからですが、慣れてしまえば、「面倒だ」という気持ちがなくなることも事実です。粘り強く安全指示を出し続けることが大切です。

事例15　勝手に作業を行い墜落

　倉庫内で天井にシートを張る作業。脚立と枠組み足場に足場板を
かけてから作業をするように指示が出されていた。しかし、その指
示に従わず、脚立のみを使用して作業を行い、バランスを崩し、墜
落した（54歳、休業約2週間）。

　これも指示が守られずに起こった災害です。指示が守られているかど
うか、直接、現場で確認することが重要になります。

事例⓰ 「新人は近づかないように」と指示を出されていたが

　外部足場を１段追加し、外側にブラケット張出し足場の組立て作業を行っていた。経験の浅い作業者に対し、その足場に近づかず、別の場所で資材運搬するように指示をしていたが、作業者はその指示を聞かず、ブラケット張出し足場に上がったところ、ブラケット、足場板とともに地上に墜落した（17歳、死亡）。

　作業者が用もないのに現場をウロウロして災害にあうことも少なくありません。あまり知られてはいませんが、現場では、作業中だけではなく、移動中の死亡災害も多発しています。リスクアセスメントを行っている現場でも、現場内の移動まで対象としているところはほとんど見受けられません。足場組立て作業中の足場は、時に、緊結が十分でない足場がある場合があるなど、非常に危険な場所です。

　配管の圧力試験中、抜け防止用の溶接を指示どおりにしなかったため、空気圧に耐え切れずにキャップが吹き飛び、被災者の身体に当たり負傷した（55歳、休業3カ月）。

　溶接が指示どおりに行われず、それが原因で災害が発生する。あってはならないことです。指示どおり行われたかどうか、必ず確認しなければなりません。

事例18 勝手に屋根に上がり墜落

　屋根材撤去中、トラック荷台上で作業していた被災者が、指示がないにもかかわらず、勝手に屋根に上がり、明り取り部を踏み抜き、墜落した（55歳、死亡）。

　老朽化した屋根や明り取り部の踏み抜きによる死亡災害が多発しています。その上を歩くことは踏み抜きリスクがとても高いことを忘れてはいけません。ましてや関係のない作業者が勝手に屋根上に上がることはあってはなりません。

3．指示を間違える、勘違いする、間違った指示が出される

　ここでの事例は、指示を間違えた事例、指示を勘違いした事例、間違った指示が出された事例などを紹介します。

事例19　指示「休憩しなさい」は正しくなかった

　夏場の午前中、被災者は屋外で作業を行っていたが、午後になり、現場責任者が被災者の体調不良に気づき、日陰で休むよう指示した。約30分後、体調確認の問いかけに対しろれつが回らない状態であったため病院へ搬送された（66歳）。

　夏場、作業中に体調不良を訴え、熱中症の疑いがある者に対し、日陰で休むように指示が出されましたが、休憩後、わずか30分でろれつが回らない状態になったのは、かなりひどい状態であった者を休憩させたと推察されます。熱中症は、休憩後に容態が悪化するケースが少なくなく（体温調節力の低下が原因）、現場で休憩か、救急搬送か、その判断が重要になります。

事例20　**重量物を急いで運べと指示し腰痛発生**

　ピット室内にあるタイヤを急いで運ぶように指示され、軽貨物用タイヤ2本を持ち上げた瞬間に、ぎっくり腰になった（56歳）。

　タイヤを急いで運ぶようにと指示されれば、作業者は一度に多くのタイヤを運ぼうとします。急いでタイヤ2本の重量物を持ち上げれば腰痛に直結します。指示を出す者は、このことを十分考慮しなければなりません。

事例21 作業しながら安全に注意を払うような指示は守れない

完成品を箱に入れるために準備中、各自周囲に注意して作業をするよう指示をしていたが、パレットにハンドリフトを入れようとしていたのに気づかず、振り返ったときに右足をハンドリフトで強打した（35歳）。

　作業者に対し、周辺に注意しながら作業するように指示することが間違いです。指示を出す者は、人間の注意力には限界があり、作業中、作業者は目の前の作業に集中するため、周辺の危険に気づくことが難しいことを十分に理解しなければなりません。ハンドリフト作業の近くで作業する場合には監視役を置き、作業者とハンドリフトの接近がないように見張ることが必要です。

事例22　指示どおりに動けず被災

　作業終了前の後片付け。バックホウを用いて掘削開口部に敷鉄板を据付け中、被災者は、オペレーターに作業エリアから離れるように指示されたが、間違ってバックホウの進行方向へ左足を出したため、キャタピラに巻き込まれ、負傷した（23歳、休業1カ月）。

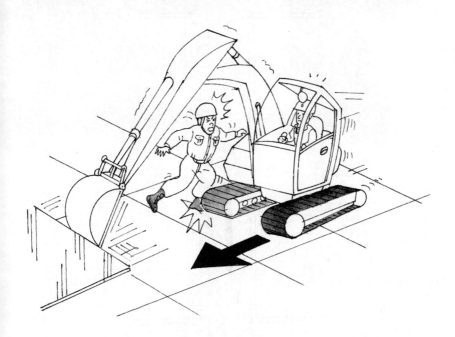

　敷鉄板から離れるように指示が出されたが、作業者が間違って行動して災害に巻き込まれた事例です。バックホウ作業ではバックホウは死角が多いため、指示はオペレーターが出すのではなく、合図者が出すようにしなければなりません。

ダクト内のダスト除去作業を開始する前、作業責任者は、全員が集合してから一緒にダクト内に降りるよう指示したが、被災者はその指示を仕事開始と言われたものと勘違いし、ダクト内に入り、墜落した（58歳、休業3カ月）。

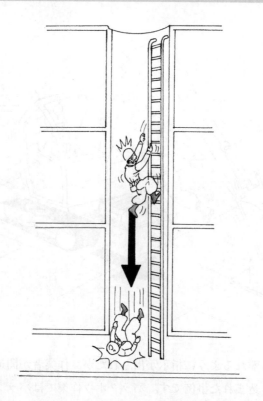

　作業開始直前、作業責任者が言うことは、作業を開始することだと思い込んでしまっていたことが事故原因の1つに考えられます。この傾向は年配者に多いといわれています。注意が必要です。

事例24 いつもの表示がなく、勘違いが生まれる

　化学プラントの定期修理作業。被災者はコンデンサーボックス内の清掃を命じられた。中は活線状態であったが、活線の表示、立入禁止の表示などがなかった。このため、被災者は停電と勘違いし、コンデンサーボックスを開けて待機するよう指示を受けていたにもかかわらず、そのままコンデンサーボックス内に入り、感電した（60歳、死亡）。

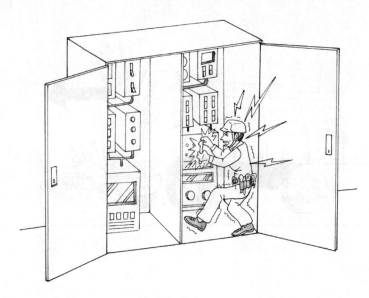

　「コンデンサーボックスを開けて待機するように」と指示があったのにもかかわらず、停電と勘違いして、勝手な判断により感電してしまった事例です。刻々と作業状況が変わる現場で、作業者が勝手に判断することは危険な状況にあうことが少なくありません。指示を守らせなければなりません。

事例25 トラックの誤操作で急発進

　被災者は、場内通路に設置された通路面より突出した電気設備ハンドホールの清掃・仕上作業中、2tトラックがバックの指示にもかかわらず、前進急発進し、電気設備ハンドホールに激突し、頭部を衝突されて被災した（33歳、死亡）。

　トラック運転手、重機オペレーターなどは、誤操作をすることがあります。トラック、重機の周辺にいる人は、誤操作が十分起こり得ることを肝に銘じなければなりません。トラック、重機の回りはとにかく危険なのです。

事例26 離れた所にいる作業者への指示がうまくいかず

プラント運転室の冷房の効果が低下したため、屋根上にある室外機を点検中、被災者がベルトの張りを確認するため、片手でベルトを握り、張り具合を確かめながら運転室内にいる係員に冷房を作動させるよう指示した。係員がスイッチを入れたところ、被災者の身体が油圧モーターとベルトの間にはさまれ、負傷した（49歳、休業3カ月）。

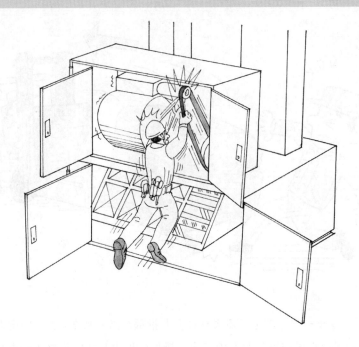

　点検中の被災者自らがスイッチを入れるように指示をし、スイッチを入れベルトが動き出したところ、はさまれた災害です。信じられない災害ですが、このようなことが起こり得るのが現場なのです。

事例27　操作に集中するフォークマンに指示が届かず

　フォークリフトで鉄製製品をパレットに収納していたところ、製品がパレットからはみ出ていたので、被災者がフォークリフト作業者に「爪を上げるように」と指示をしたが、そのままバックしたため、爪の上に乗っていた製品がパレットの最上部に引っかかり、被災者の右足のつま先に落下した（32歳）。

　「爪（フォーク）を上げるように」と指示が出されましたが、それがうまく伝わらず被災したものです。操作に集中しているフォークマンは、製品がはみ出していることに気づかず、そのまま行けると操作を続け、その指示が耳に入らなかったのでしょう。緊急時には笛などで注意を向けさせ、その上で、指示を出すことが必要です。

事例28　指示を出した場所が不適切

> ベルトコンベアーの架台の上で、モーターの作動を確認しようとした時、スイッチを入れるよう指示した瞬間、バランスをくずして、左手でモーターのチェーンをつかんだところ、モーターが作動し、チェーンとスプロケットの間に、左手が巻き込まれた（74歳）。

　架台上で、モーターのスイッチを入れるように指示した直後、バランスを崩し、モーターのチェーンをつかんでしまい、その時、モーターが動き出し被災したものです。足元が安定しない場所に立って指示したことが原因です。指示を出す場所が「間違った」と言えます。

4．指示どおり動けなかった、指示が遅くて間に合わなかった

　ここでは、指示を聞こうとしたが指示どおり動けなかった事例、指示が遅くて間に合わなかった事例などを紹介します。

事例29　ストップと指示したが…

　荷捌場所で積載形移動式クレーン（ユニック車）から空調機の荷下ろし作業。２本のナイロンスリングの１本が空調機に引っかかったため、被災者は巻上げストップをかけたが、その指示が間に合わず、オペレーターが巻き上げてしまった。このため、空調機が倒れそうになり、とっさに押さえようとした被災者が受け切れずに負傷した（59歳、休業１カ月）。

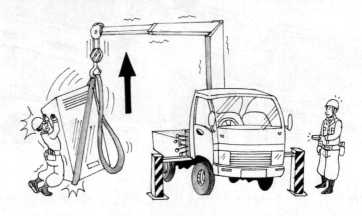

　玉掛け合図は慎重に行わないと災害が発生してしまうことを教える事例です。特に、このような事例のように、トラブルが起こったときは、あせって事故を起こしやすく、対処方法はより慎重に行う必要があります。

事例30　外国人労働者に指示が伝わらず

　金属加工の工場で、椅子に座ってエアスプレーを用いて部品に付着したエタノールを吹き飛ばす等の洗浄作業中、近くにあるストーブの火が被災者（外国人労働者）に引火し、全身に燃え広がった。被災者はドクターヘリで病院に搬送されたが、約2か月後に死亡した。被災者は単独で作業していたが、作業途中、危険に気づいた同僚が被災者の椅子とストーブの間隔を開けて、口頭で注意をしていた。

　被災者は外国人労働者であり、ストーブから離れるように指示されても、それが十分に理解できず、危険がうまく伝わらなかった可能性があります。日本語が十分に理解できない外国人労働者に対し指示する場合、本当に伝わったかどうか、実際の作業を見て確認することが重要になります。外国人労働者は、わかっていなくても、「わかった」と言うことがあります。職場の上長などに迷惑をかけたくない気持ちが、「わかった！」と言わせてしまうのです（「わからないと」いうと、繰り返し指示を出すことになってしまうから）。

事例31　雷鳴の接近に、作業中止の指示が間に合わず

　現場責任者は、雷鳴が接近してきたので作業中止を決め、手分けして作業員に作業中止を指示していたが間に合わず、作業員の1人が落雷にあった（26歳、死亡）。

　作業中止の指示の遅れによる災害です。落雷、大雨による洪水などは、作業中止の指示が少しでも遅れると大惨事を招くおそれがあります。
　しかしながら現場は、出来高を上げるため、少しでも長く作業を続けようとします。このギャップを埋めなければなりません。誰でも同じように中止の判断が下せるようなルール作りを進める必要があります。

2のまとめ

安全指示がうまく伝わらず発生した労働災害事例

1．大事な指示がなかった
・現場ではこれが一番多い。指示を出すべき人が、どこに危険が潜んでいるのかわからない。自分が指示をすべきかどうかわかっていない。

2．作業者が指示を聞かない
・指示が出されたにもかかわらず、作業者がその指示を聞かず発生した労働災害

3．指示を間違える、勘違いする、間違った指示が出される
・指示を間違えたり、勘違いしたり、間違った指示が出されたりして発生した労働災害

4．指示どおり動けなかった、指示が遅くて間に合わなかった
・指示を聞こうとしたが指示どおり動けず、または、指示が遅くて間に合わず発生した労働災害

※事例出典：厚生労働省「職場の安全サイト」
https://anzeninfo.mhlw.go.jp/anzen/sai/saigai_index.html

3 安全指示がうまく伝わらない。その原因と対策を考える

　ここまで、指示がうまく伝わらないことにより発生した労働災害事例を見てきました。そこにはさまざまな原因があげられていました。

　ここからは、大手建設会社を対象としたアンケート調査を基に、安全指示がうまく伝わらない原因は何か？　どのような対策を打てばよいか？　などについて詳しく見ていきます。

　アンケートの回答者は実務経験豊富な現場所長、主任クラスです。

Q1　現場で安全指示が正確に伝わっていると思っていますか？

　まずは、実感として、日頃の安全指示はうまく伝わっていると思っているのか、尋ねてみました。その答えは驚きです。**いつも正確に理解していると思うと答えたのは、わずか8.5％**しかいませんでした。実に9割以上の人が、正確に伝わったのか、不安に感じています（**図3-1**）。

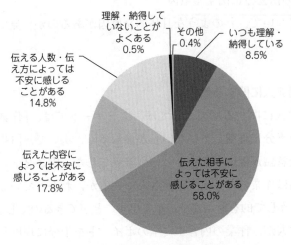

理解・納得していないことがよくある 0.5%

その他 0.4%

いつも理解・納得している 8.5%

伝える人数・伝え方によっては不安に感じることがある 14.8%

伝えた内容によっては不安に感じることがある 17.8%

伝えた相手によっては不安に感じることがある 58.0%

図3-1　伝えた相手が正確に理解しているか

もう少し細かく見ていきましょう。

不安に感じる人の中では、**伝えた相手によっては不安に感じることがあると答えた方が6割近く**と、最も多い結果でした。

その相手とはどのような人か。現場経験が少ない作業者、指示をしてもそのとおり動かない作業者などがあげられています。

指示を聞かない作業者が少なくないことは大きな問題です。

Q2　安全指示がうまく伝わらない原因には何があり、どのような対策が有効ですか？

次に、安全指示がうまく伝わらない原因を探っていきます。

ここでは、その原因を次の四つに分けて考えます。

（1）指示を出す人に関する原因

（2）指示を受ける人に関する原因

（3）指示の内容に関する原因

（4）指示の伝え方に関する原因

それぞれについて、どのような具体的な原因があるのか、見ていきましょう。

(1)　指示を出す人に関する原因

指示を出す人に関する原因としては、アンケートでは、「作業の安全のポイントを十分に理解していない」が最も多く、次いで、「（指示を出す人の）**安全意識が低い**」が多いという結果でした（**図3-2**）。

現場あるいは作業のどこに危険が潜んでいるか、わかっていない。そんな人が、どうして的を射た安全指示を出すことができるのでしょうか。

指示を出す人が、作業の内容や安全のポイントを十分に理解し、的確に安全指示を行うことが重要です。

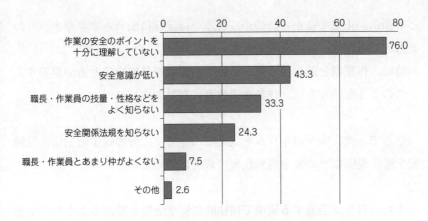

図3-2　指示を出す人に関する原因

　指示を出す人が、危険がどこに潜んでいるのか、安全確保のポイント
は何かなどを把握するには、次の3つの点が重要です。

① 　作業者が**どのような手順で作業をするのか、どのような動線で作
業をするのか**、いつ機械を使うのかなどを頭の中でイメージできる
ようにする。そのうえで危険なポイントを見つけていく。

② 　可能な限り、**何度も現場に出て**、刻々と変わる作業状況を常に把
握しておく。

③ 　**労働安全衛生法**等の安全関係法規を十分に理解する。

　作業の中に潜む危険の芽を見つけるのは、実際にその作業を経験する
ことも効果的です。特に、現場経験が少ない若手には必要です。

　また、安全指示を出した後、実際の現場を見て、指示どおりに行われ
ているかどうか、確かめることも重要です。

　指示どおりに行われていなければ、その原因を考えてみます。

　指示を受けた作業者が、指示に従うことが面倒だと思ったのか、それ

とも指示が正しくなかったのか、あるいは正確に伝わっていなかったのか考えてみます。

時に、作業者と話し合って、原因や解決策を見出すことも必要です。

このようなやり方は、作業者の教育に有効です。

そして、次に安全のルールを覚えることです。労働安全衛生法、労働安全衛生規則などの安全関係法規の理解に努めます。

また、自らが担当する現場で積極的に安全活動を進めるような安全意識の高さも必要になります。

作業者に、「あの人は、なんだかんだ言っても、安全より工期を優先する人だ」と思われてしまっては、安全指示をうまく伝えることができるわけがありません。「安全と生産（施工）は一体」、「安全と工期ともに大切」という安全意識の高さを持たなければなりません。

指示を出す人の安全に対する取り組み方、姿勢がそのまま現場に反映されます。強い信念を持って現場で働くすべての人を安全活動に巻き込んでいくことです。

若手が、ベテランに対して自信を持って指示をするためには、安全意識の向上は必須です。

安全意識を高めるため、過去の痛ましい死亡災害、悲惨な重大災害などを学ぶことは有効です。

⑵ 指示を受ける人に関する原因

安全指示がうまく伝わらない原因が、指示を受ける人にある場合、そ

の原因は、アンケートでは「**安全意識が低く指示を聞かない**」が突出して多く、次いで、「**十分な安全知識を持っていない**」、「**現場の状況をよく理解できていない**」の順に多い結果でした（**図3-3**）。

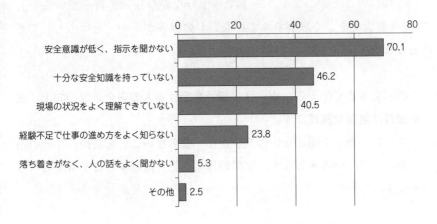

図3-3　指示を受ける人に関する原因

　指示を受ける人の安全意識の低さが問題視されていますが、例えば、「今日は高所作業です。墜落制止用器具を必ず使用して作業してください」と指示が行われたとしても、実際の作業場所で、作業者が「これくらいの高さなら墜落制止用器具を使わなくても大丈夫！」と危険を軽視し、指示を守らないことが多いのが実態です。

　現場では、危険軽視によるヒューマンエラーが最も多く、やっかいです。

　また、現場には、実務経験の少ない未熟練工が少なくなく、彼らの多くは十分な安全知識を持っていません。さらに、現場は、現場ごとに作業環境が異なり、刻々と作業状況が変わります。実務経験が豊富な作業

者であっても、場合によっては現場の状況を十分に理解できていないことも起こり得ます。

これらのことが、アンケートで「十分な安全知識を持っていない」、「現場の状況をよく理解できていない」の回答が多かった理由として考えられます。

指示をうまく伝えるためには、**指示を受ける人の安全意識の向上、安全教育は重要な課題**です。

さらに、指示を聞かない作業者がなくならないことを前提に、その指示が守られているかどうか、実際の作業を見て確認することも重要になります。

(3) 指示の内容に関する原因

安全指示がうまく伝わらない原因が、指示の内容にある場合もあります。

具体的なものとして、アンケートでは、「**マンネリである**」と「**あいまいである**」がともに**7割を超え、高い結果**となっています（図3-4）。

現場では、「足元注意」、「墜落制止用器具使用の徹底」、「玉掛け合図の徹底」等の安全指示はよく出されます。

似たような作業が続く場合、毎日のように「足元注意」、「墜落制止用器具使用の徹底」などが出され、指示がマンネリ化してきます。

指示を受ける人は、指示がマンネリ化してくると、安全意識が高まらず、その指示に従わないとどれほど危険なことになるのか、考えようとしなくなります。いわゆる思考停止状態に陥ります。

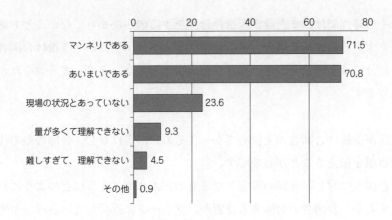

図3-4　安全指示の内容に関する原因

　現場の安全確保は、実際に作業を行う作業者の自主的で自発的な活動が最も大切です。作業者が、どのようにして自らの安全を確保するかを考え、行動することが重要です。

　上から押し付けられたものでは、十分な効果は見られません。ましてや、その上からの押し付けられた安全指示が、**マンネリ化したものであれば、誰も耳を傾けないでしょう。**

　また、指示があいまいなために伝わらないことも少なくありません。**あいまいな指示では、指示を出す人が頭の中で描いているイメージを、指示を受ける人がどうして実践してくれるのでしょうか。**

　例えば、「玉掛け合図の徹底」。クレーン作業でこの指示がよく出されます。朝のＫＹ活動のとき、クレーンを使った資材の荷下ろし作業をする作業グループに対し、「今日のクレーン作業。玉掛け合図の徹底。頼むよ！」という指示が出されても、あまりにあいまいすぎます。

その時点では、まだ誰が玉掛け合図をするのか決まってないこともあります。そのような場合、その作業グループは、全員が「玉掛け合図者は自分ではない」と、その指示を他人事としてとらえてしまうおそれがあります。

誰が玉掛け合図者かを決めてから、その合図者に対し、合図の際の注意事項を伝えることが必要です。

合図者に対し、合図の障害となるものがあれば、それにどのように対処するか、合図者の合図する位置が、クレーンに近接している場合や墜落の危険がある場合には、それらの危険からどのようにして身を守るのかなど、実際の危険のポイント、安全確保のポイントを指示に加えなければなりません。そうしないと、作業者は真剣に安全のことを考えません。

あいまいな指示をなくす基本は、「いつ」(When)、「どこで」(Where)、「誰が」(Who)、「何を」(What)、「なぜ（目的)」(Why)、「どのように」(How) の**５Ｗ１Ｈを明確**にすることです。

特に、指示には「誰が」（Who）という主語をつけることが重要です。そのことにより実施者が明確になります。実施者は作業への責任が芽生え、指示を守ろうとする意識が高まります。

５Ｗ１Ｈを明確にすることは、指示のマンネリ化を防止する対策にもつながります。

(4) 指示の伝え方に関する原因

４つ目には、指示の伝え方に関する原因があります。アンケートでは、それは「指示が一方的である」、「危険のポイントがイメージできな

い伝え方である」、「一度に多くの人に指示をする」などが多い結果でした（**図3-5**）。

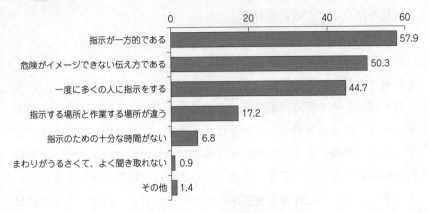

図3-5　安全指示の伝え方に問題がある場合の原因

　指示が一方的となり、指示を受ける人の考えが反映されないと、その指示が本当に効果的かどうか、その指示に問題がないかなどはわかりません。さらに、指示を受ける人の考えを聞くことができれば、それにより、彼らの安全意識が向上し、より積極的に安全活動に取り組むことが期待できます。

　安全指示はよくトップダウンで行われていますが、現場では、トップダウンに加え、**作業者の意見や提案を吸い上げる、いわゆるボトムアップを組み合わせることが重要**です。

　作業者の意見を聞くのには時間を要します。そのため、実際の現場では、忙しくて指示に費やす十分な時間がないことを理由に、一方的な指示になりがちです。

しかし、真の安全を追求するためには、「**現場で起こっている事は現場で作業する人しか知らない**」、このことを肝に銘じ、積極的に作業者の意見を聞くことが求められます。

　指示の伝え方が悪く、指示に時間をかけても作業者が危険のポイントを理解できないこともあります。

　例えば、初めて行う作業の危険のポイントを伝える場合があげられます。それを現場事務所で、口頭で伝えた場合、ていねいに説明をすればするほど長時間になり、結局のところ、誰の頭の中にも入らず、十分な理解が得られなくなります。このようなことは、作業変更のときにもいえます。どのように作業を変更するのかについても、口頭で伝えるには限界があるでしょう。

　このような場合、できる限り、**指示を出す人と指示を受ける人が、作業イメージを共有できるように、イラスト、写真、図面など**を用いること、さらには、**実際に作業する場所で指示をすること**などが有効です。

　もう１つ、指示がうまく伝わらない原因として、一度に多くの人に指示をすることがあげられています。一度に多くの人に指示をすると、指示を聞く側はどうしても他人事になりがちです。当事者意識が高まりません。

　この場合、**指示の内容が伝わったかどうか、質問し、確認すること**が有効です。全員でなくても何人かに質問することにより、全員の指示を聞こうとする意識は高まります。

(5) 指示がうまく伝わらない最大の原因は？

　ここまで、指示がうまく伝わらない原因として、指示を出す人、指示

を受ける人、指示の内容、指示の伝え方の4つの原因を詳しく見てきましたが、これら4つのうち、最も大きな原因はどれでしょうか？

　アンケートでは、「**どれとは言い難い**」とする回答が4割近く占め、最も多いという結果でした（**図3-6**）。

　指示がうまく伝わらない原因は、指示を出す人、指示を受ける人、指示の内容、指示の伝え方それぞれの原因が絡み合い、どれとは特定できないと考えているようです。

　逆に言うと、現場で指示をうまく伝えるためには、この4つの原因をすべて解決する工夫が必要であるということになります。

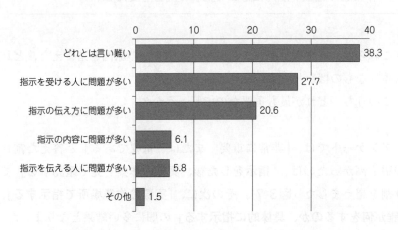

図3-6　安全指示がうまく伝わらない最大の原因は？

Q3　安全指示をうまく伝えるための有効策は？

　ここからは、安全指示をうまく伝えるにはどの方法が有効か？　安全指示をうまく伝えるためのポイントは何かについて見ていきます。

　以下に、その方法を9つあげてみました。

① 指示に十分な時間を取る
② 実際の作業場所で指示する
③ 作業者一人ひとりにまで細かく指示する
④ 指示の前に、作業者に安全な作業とは何かを考えさせる
⑤ 誰が何をするのか、具体的に指示する
⑥ 指示をした後、相手の理解度をチェックする
⑦ 指示には、マンガ等、イメージが湧くものを多用する
⑧ 指示をした後、実際の作業を見て確認する
⑨ 作業者の経験・能力に応じて指示の内容を変える

　これらは、安全指示がうまく伝わらない4つの原因を踏まえた、どれも重要なものばかりです。
　このうち、どれが最も重要なのでしょうか？

　アンケートでは、「非常に重要」または「重要である」と答えた割合が最も高かったのは、「**指示をした後、実際の作業を見て確認する**」で9割を超えました（**図3-7**）。その次に、「**実際の作業場所で指示する**」、「**誰が何をするのか、具体的に指示する**」の順に多い結果となりました。

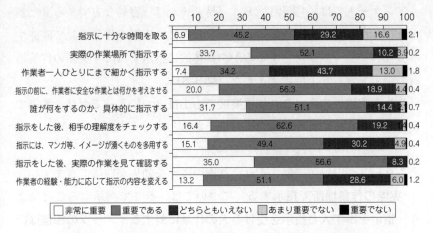

図3-7　安全指示をうまく伝えるための具体策（重要度）

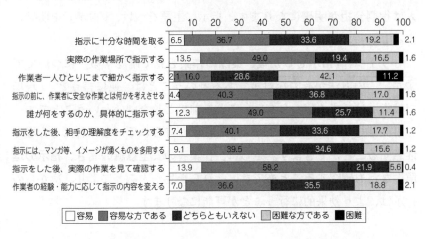

図3-8　安全指示をうまく伝えるための具体策（実現性）

　それでは、これらの方法の中でどれが現場で実現性が高いのでしょうか？

アンケートでは、(実現性が)「容易」または「容易な方である」と答えた割合が最も高かったのは「指示をした後、実際の作業を見て確認する」、次いで、「誰が何をするのか、具体的に指示する」、「実際の作業場所で指示する」が上位に来ました (図3-8)。

　これら実現性の高い3つは重要度でも上位3つに入っており、現場で安全指示をうまく行う最有力の対策であるといえます。

　これら3つの対策には、それぞれ次のような効果が期待できます。

　「実際の作業場所で指示する」については、そこで指示することにより、指示を出す人と指示を受ける人の作業に対するイメージの相違はほとんどなくなります。

　「誰が何をするのか、具体的に指示する」については、**指示を受ける人は役割分担が明確**になります。指示に主語をつけ、「誰が」を明確にすることにより、指示を受けた人の責任感も高まります。

　もう1つ、「指示をした後、実際の作業を見て確認する」についてですが、この方法が有力な対策であるということは、逆に言うと、「現場では指示はうまく伝わらない」ことを前提としなさいということです。

　事後確認を行うことにより、もし**指示が守られていなければその場で注意することができます**。さらに、**作業者の安全意識の高さ、指示の理解度なども確認することもでき**、それらを生かすことにより、次からの指示は、より効果的に行うことが可能になります。

3 のまとめ

ここまでをまとめると、次のとおりです。（**図3-9**）参照。

・指示を出す人に関する原因としては、「作業の安全のポイントを十分に理解していない」が突出して多い。

・指示を出す人は、的を外した安全指示にならないように、作業手順の理解、刻々と変わる現場の作業状況の把握、安全関係法規の理解に努める。

・指示を受ける人に関する原因としては、「安全意識の低さ」が突出している。

・指示をうまく伝えるためには、指示を受ける人の安全意識向上、安全教育は重要な課題である。

・指示の内容に関する原因は、指示がマンネリ、指示があいまいの2点に尽きる。

・マンネリな指示、あいまいな指示をなくすためには、
　「いつ」（When）
　「どこで」（Where）
　「誰が」（Who）
　「何を」（What）
　「なぜ（目的）」（Why）
　「どのように」（How）
の5W1Hを明確にする。特に、指示には「誰が」（Who）という主語をつけることが重要である。

・指示の伝え方に関する原因としては、安全指示が一方的である、危険なポイントがイメージできない伝え方である、一度に多くの人に指示をするなどがあげられた。

・指示が一方的とならないよう、指示を受ける人の意見を積極的に取り入れる。

・指示を出す人と指示を受ける人が、作業イメージを共有できるように、イラスト、写真、図面などを用いることや、実際に作業する場所で指示をする。

・一度に多くの人に指示をする場合、指示が伝わったかどうか、質問して確認する。

・指示をうまく伝えるための対策としては、重要性、実現性ともに、
　→「指示をした後、実際の作業を見て確認する」
　→「実際の作業場所で指示する」
　→「誰が何をするのか、具体的に指示する」
　の３つが有力な対策である。

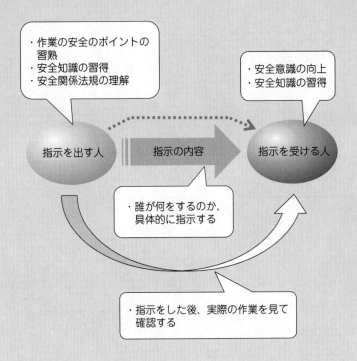

図3-9　安全指示をうまく伝えるためのポイント

4 豊富な実務経験者が語る 安全指示をうまく伝えるための秘訣

3では、安全指示がうまく伝わらない原因と、その対策を示してきました。そのほかにも、現場経験に基づく、安全指示をうまく伝えることができる秘訣みたいなものはないのでしょうか。

そこで、ここでは、豊富な実務経験をもつ現場管理責任者が語る安全指示をうまく伝えるための秘訣を、以下、いくつかのカテゴリーに分けて紹介します。

1．指示を出す人に対するもの

まずは、指示を出す人に対するものです。

No.1

> 若手は、ベテランの職人に対して、もっと自信を持って指示を出さなければならない。そのためには、現場の責任者であることを自覚し、安全意識を一段と高めることである。

若手の現場管理者は、ベテランの職人に対し、指示を遠慮しがちですが、それでは、ベテランの職人の「まあ大丈夫だろう」という危険軽視によるヒューマンエラーを撲滅することはできません。

No.2

> 指示を出す人が、安全に対する意識を明確に示す。例外は認めない、安易な妥協はしない。

特に基本ルールを守ることについて、例外を認めたり、安易に妥協をしたりしてしまうと、「この現場は基本ルールなんて守らなくてもいいんだ」という気持ちが広がり、誰も言うことを聞かなくなるでしょう。

No.3

> 　指示を出す人が作業内容をよく理解し、どこにどのような危険がどのくらいの大きさであるのか把握する。そのためには、リスクアセスメント教育が有効である。

　作業に潜んでいる危険を入念に洗い出し、それらの危険に対し、効果的な対策を見出す。指示を出す人はこの一連の作業ができなければなりません。そのためには、作業の標準的なリスク、リスク評価の方法、許容水準以下まで下げるリスク低減措置など、リスクアセスメントを学ぶことが有効です。

No.4

> 指示を出す人が、「安全と生産（施工）は一体である」、「安全と生産（施工）ともに重要である」という信念をもつ。

安全と生産（施工）は一体ではなく、生産（施工）1番、安全2番になってしまうと、誰も2番の安全のことは考えなくなります。

No.5

> 指示を出す人が強い信念を持ち、全員を安全活動に巻き込んでいく。自らの安全に取り組む姿勢が、そのまま現場に反映されてしまう。

指示を出す人の安全に対する姿勢を作業者は見ています。作業者に「あなたは安全より工期が重要ですよね？」と見透かされたら、誰も言うことを聞かなくなります。

No.6

> 指示を出す人は安全関係法規を覚えておく。特に、その中の数値を覚える。

労働安全衛生法、労働安全衛生規則等の安全関係法規を覚えておくことも重要です。例えば、はしごの設置については、以下のとおりです。この中で、数値を覚えることがポイントです。

はしごに関する労働安全衛生規則

（昇降するための設備の設置等）

第526条　事業者は、高さ又は深さが**1.5m**をこえる箇所で作業を行なう
　　ときは当該作業に従事する労働者が安全に昇降するための設備等を設
　　けなければならない。ただし、安全に昇降するための設備等を設けるこ
　　とが作業の性質上著しく困難なときは、この限りでない。

2　前項の作業に従事する労働者は、同項本文の規定により安全に昇降
　　するための設備等が設けられたときは、当該設備等を使用しなければな
　　らない。

（移動はしご）

第527条　事業者は、移動はしごについては、次に定めるところに適合
　　したものでなければ使用してはならない。

　　一　丈夫な構造とすること。

　　二　材料は、著しい損傷、腐食等がないものとすること。

　　三　幅は**30cm**以上とすること。

　　四　すべり止め装置の取付けその他転位を防止するために必要な措置
　　　　を講ずること。

（はしご道）

第556条　事業者は、はしご道については、次に定めるところに適合した
　　ものでなければ使用してはならない。

　　一　丈夫な構造とすること。

　　二　踏さんを等間隔に設けること。

　　三　踏さんと壁との間に適当な間隔を保たせること。

　　四　はしごの転位防止のための措置を講ずること。

　　五　はしごの上端を床から**60cm**以上突出させること。

　　六　坑内はしご道でその長さが**10m**以上のものは、**5m**以内ごとに踏だ
　　　　なを設けること。

　　七　坑内はしご道のこう配は、**80度**以内とすること。

はしごの正しい設置と使用

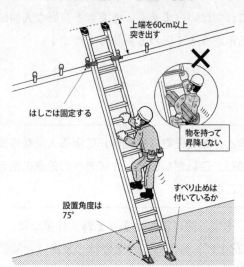

上端を60cm以上
突き出す

はしごは固定する

×

物を持って
昇降しない

設置角度は
75°

すべり止めは
付いているか

No.7

> 指示を出す人は、日頃から、作業者との良好な人間関係を築いて
> おく。その中で、彼らの安全意識を高めさせる。

指示がうまく伝わるには、作業者との良好な人間関係を築くことも必
要です。作業者に対し、「この安全指示を守るのは面倒だけど、この人
の言うことは守ろう。」という気持ちにさせることが非常に重要です。

No.8

> 指示を出す人は、作業者に対し、威圧的な言動は避けるようにする。

これは、指示を出す人が、40代、50代と年齢が高く、責任ある立場

であると、作業者に対し、つい威圧的な言動をしてしまうことがあります。しかし、これではいけません。作業者と良好な人間関係を構築することが、安全指示がうまく伝わる秘訣の1つです。

No.9

> 現場管理者と作業責任者（職長等）による入念な作業前打ち合わせが必要である。これがないと、作業者への効果のある具体的な安全指示は出てこない。

安全指示は、単に、開口部の手すりを外す作業では、「すぐに開口部養生を行う」、荷上げ・荷下ろし作業では「玉掛け合図の徹底」というだけでは、作業者の指示を守ろうとする気持ちは高まりません。現場の状況、作業内容を十分に把握したうえで、より具体的な安全指示をすることが効果的です。

現場管理者と職長等の作業責任者が入念に打ち合わせを行い、具体的な作業内容を固めます。そうすることにより、その作業に対する危険は何かを明らかにすることができ、具体的な安全対策が見えてきます。

作業の標準的な危険がわかっていても、それだけでは、現場の作業の真の危険は見えてきません。具体的な作業内容が明らかになって、初めてそれが見えてきます。

No.10

> 　現場で現物を現実に、見て聞いて触れて、指示をするという「三現主義」を貫く。

　大手建設会社の中には、この三現主義を重視しているところが少なくありません。どうしてでしょうか？　それは、「刻々と変わる現場の実態を知ることが最も重要。そのために、いつも現場に出なさい」と言いたいのです。

2．指示を受ける人に対して

　ここからは、指示を受ける人に対してのものです。

No.11

> 　安全意識が低い作業者が多い。このため、指示がマンネリにならないことに注意している。また、どうして指示を守らなければならないかを説明する。

　現場は安全意識の低い作業者が少なくないという問題があります。このため、現場の安全指示はもとより安全活動もマンネリにならないようにするなど、常に、作業者の安全意識を高める工夫が必要です。

No.12

> 　安全意識が低い作業者に対しては、一方的に指示をするのではなく、作業者から提案させたり、その提案を実践したりする取り組みも必要である。

　安全意識が低い作業者の安全意識を高めるための方策として、作業者から自発的な提案をさせ、それを受け入れることが効果的です。

No.13

> 「自分のための安全」と思っている作業者は、さまざまな安全活動に協力的である。現場で必ず行うことは、新規入場者教育で「安全の素晴らしさ」を伝えることである。「なぜ安全が大切なのか」を伝えることができれば、作業者は多くの危険を回避できる。

　作業者に対し、安全の大切さ、安全活動の素晴らしさを伝えることにより、安全意識の向上を狙います。

No.14

> 職長の安全意識の低さが問題である。職長によってＫＹ活動の緊張感に大きな差がある。緊張感を持って指示を伝えなければ、その指示は伝わらない。

　作業グループをとりまとめる職長がいかに安全意識を高く持っているかが大切です。安全意識が低いと、ＫＹ活動がマンネリとなるなど、現場の安全活動がうまく進まないことは言うまでもありません。安全意識の低い職長からの安全指示には、誰も耳を傾けないでしょう。

No.15

> 作業者の安全意識を高めるため、①自分だけは大丈夫という間違った考えを取り除く、②事故は発生後にさまざまなところに波及していく、③事故を起こすと多くの人に迷惑がかかり、多くの人に責任が及ぶ、などを教える。

事故を起こすと、自分だけの問題ではすまされないことを教えることが重要です。他人に迷惑をかけたくないという気持ちを高めることにより、作業者の安全意識を高めます。

No.16

> 安全意識には個人差がある。指示の理解度にも個人差があるので、同じことを指示しても、行動が異なることがある。

安全意識が高いかどうか。指示の内容の理解度が早いかどうか。これらは個人差がありますので、安全意識が低い作業者、指示の内容の理解度が遅い作業者は誰なのかを見極めることも現場では必要です。

No.17

> 指示を守らないと「怒られる」とか「法違反だ」ではなく、指示を守らないと「他人を危険にさらす」ことにつながることを理解させる。

　指示を守らないと怒られる。だから、守ろうではダメです。怒る人がいなければ、その指示は守られなくなるからです。

　いつでも指示が守られるようにするためには、心の底から「指示は守らなければならない」という気持ちにさせなければなりません。自分一人の問題ではすまされないことを理解させることが効果的です。

No.18

> 指示を守らないのは、いつも同じ作業者である。指示を守らないならば、作業をさせない、現場から退場させるなどの厳しい措置も時に必要である。そうすることにより、周りへの影響は大きい。

　大手建設会社では、指示に従わない作業者は毅然とした態度で退場させることがあります。このことにより、安全指示や決められた基本ルールを守るのは当然という、よい緊張感が現場に生まれます。そこには、「墜落制止用器具を使うと作業がしづらい」という作業者はいません。

　作業者が、どの程度危険予知ができるのかを把握し、十分に危険予知できない作業者には教育を行う。自分で作業の危険を考え、対処していく力を身につけることが、安全指示が正確に伝わる第一歩である。

　安全指示を正確に伝えるためには、作業者の安全水準を高めることが必要です。作業の危険予知がいつも正確にできるのか、その危険がどれくらいの確率で起こるのか、また、起こったときのケガの大きさはどの程度なのか。これらのことを正しく予測しなければなりません。これは、まさにリスクアセスメントです。

No.20

> 作業者が安全を考えたり意識したりする時間を作ることが必要と
> 考え、作業前に、作業者を交え、その作業の安全について話し合い
> を行う。いろいろな意見が出てくる。安全のみならず、作業ミス、
> 作業ロスがなくなることにつながるなどといった利点も生まれる。

　作業者を参加させ、作業内容について話し合いを持つことは、作業者
の自発性をもたらし、実作業で創意工夫を凝らすようになり、安全対策
のさまざまなアイデアが出てきます。そこで出されたアイデアを実施す
るように指示すれば、当然、作業者はそれを守ろうとします。

　作業者に自発性が出てきたらしめたものです。現場の隅々に目が向け
られるようになり、安全だけではなく、コストダウンにも目が向けられ、
まさに「安全は利益を生む」現場になります。

3．指示の内容について

　指示の内容を工夫することによって、その伝わり方は格段によくなります。以下、さまざまな秘訣を紹介します。

No.21

> 　口頭による指示だけではなく、作業要領図、使用する機械・工具や作業者の位置関係などがわかるポンチ絵、現場状況写真等を用い、誰がどのような手順でどのような作業をするか、すべての作業者に理解してもらうことが重要である。

　短時間に効果的な安全指示をするためには、図、ポンチ絵、写真などをフル活用することが効果的です。作業者からいろいろな意見も出やすくなります。

No.22

> 　新しい作業を開始する前は、作業場所に作業者を集めて、図、ポンチ絵などを用いて作業内容を説明し、そのうえで注意事項を指示する。

　新しい作業では、どこにリスクが潜んでいるかわからないことがよくあります。この点を解消するため、全員を集め、作業内容を説明することが必要です。しかも直接作業する場所に集めることが有効です。

No.23

あいまいな指示をしない。「足元注意」は安全指示ではない。
どのようにして足元に注意するのか説明することが必要である。
また、「朝一番」、「昼一番」は、1～2時間は平気でずれてしまう。

　あいまいな指示は、指示を出す人がイメージしているものと、指示を
受ける人がイメージしたものが異なり、それが原因で事故が発生するこ
とがあります。また、普段、何気なく使っている言葉でも、受け止め方
に違いがある場合が少なくなく、そのことが原因で事故につながること
もあります。注意が必要です。

No.24

　作業者が納得しやすい指示をする。例えば、単に「保護メガネの
着用」ではなく、「溶接作業は目を傷めるので保護メガネをして作
業をしてください」のように、どうして保護具を着用しなければな
らないか説明を加えて指示をする。

特に、現場経験の浅い作業者に対しては、なぜそれをしなければならないかを伝え、その作業者が「なるほど」と納得させることがポイントです。

No.25

> 過去の事故事例を用い、それをこれから行う作業に当てはめて事故をイメージさせ、指示を守る意識を高めさせる。

類似作業の事故事例を見せることにより、作業者は「こういう事故は起こしてはいけない」というイメージが湧きやすくなります。

例えば、積載形移動式クレーンが転倒した写真を見せれば、「なぜ転倒してしまったんだ？」という疑問が湧き、安全指示を守る意識が一気に高まります。

No.26

> 指示を出す人の自らの体験談を話し、指示を守らせる意識を高めさせる。自らの体験談は身近に感じる。

　自らの事故や、ヒヤリハットの体験談は切実に話すことができ、指示を受ける人は、より身近な問題としてとらえることができます。

No.27

> 指示は、できる限り難しい技術用語は使わず、わかりやすい言葉で説明する。

　指示の内容の理解を深めようとするならば、難しい技術用語は使わないことです。「許容応力」、「過負荷防止」等の技術用語は、理解できない人も出てきます。普段からよく使う言葉で指示を行うようにします。

4. 指示の伝え方について

ここからは指示の伝え方についてです。

No.28

> 　安全指示をうまく伝えるためには、まず人の名前を覚え、直接、名前で指示することである。確実に伝わる。また、指示をした人に、指示を守ることの宣言として、「はい」と返事をさせる。

　指示をする場合、「○○さん」と指示する人の名前を呼んでから、指示を伝えることが効果的です。また、指示をした後、指示を守る意思表示として、「はい」と返事をさせるように努めます。人間には約束を守る本能があり、効果的です。

No.29

> 相手が多人数になると指示が伝わりにくい。指示を守ろうとする意識が弱まってしまう。指示はできる限り少人数に対して行う。

　一度に大勢に指示をしても、なかなかそれが守られないことを自覚すべきです。少人数に対して指示をすることにより、一人ひとりの当事者意識は確実に高まります。

No.30

> やむを得ず多人数の作業者に対して指示をする場合、うまく伝えるためには、ポイントを絞ることが一番である。

　どうしても一度に多くの作業者に指示をしなければならない場合、その指示を他人事と思ってしまう作業者が出やすくなることに注意します。特に、長々と時間をかけた指示は、他人事と思う人の数を増やしがちです。

　このため、指示は簡潔に、そしてそれを何度も説明したほうが、効果が高いと言えます。また、指示をした後、どれだけ理解したかを確認することも有効です。

No.31

> 口頭で指示する場合、不要な尾ひれをつけず、簡潔でわかりやすい言葉で指示する。尾ひれの部分は一度指示した後で補足として話す。

指示は、例えば、誰が玉掛け合図者なのか不明のまま「玉掛け合図の徹底」というようなあいまいな指示ではいけませんが、一方、長い時間をかけて指示をしても、作業者の理解は得られません。指示の内容は簡潔に、ポイントを要領よく伝えることが重要です。

No.32

> 現場が当初の状況と異なる場合は、いったん作業を中止し、作業者全員を集めて作業打ち合わせを行い、安全指示を行ってから作業を再開する。

作業状況を変更した場合、そこで働く全作業者が新たなリスクを確認、共有化することは非常に重要です。

突然、作業状況、作業内容等が変更された作業は、非定常作業とよばれ、事故が多発しており、対策に頭を悩ませています。

No.33

> 指示した内容は、相手が理解したかどうか確認することが重要である。人は「右」だと言っても、「左」と思い込んでしまうことがある。

実際に、このような思い込みによる災害は少なくありません。例えば、「停電だと思ったのに」と感電災害、「ベルトコンベアは動かないと思ったのに」とはさまれ災害などがあります。特に、高年齢者に多いとの指摘もあります。

No.34

> 作業に追われながら指示をしてはいけない。余裕を持つことが大切である。

作業に追われながらの指示は、費やす時間が短く、内容は具体性に乏しく、一方的な指示になり、相手の意見を聞かなくなりがちです。

余裕を持って指示ができるような工夫が現場では必要です。

５．指示をした後で確認する

　指示がうまく伝わらないことを想定し、指示の理解度の確認、実際の作業の確認などを行うものです。

No.35

　指示を出した後、相手の反応をよく観察し、理解度を確認する。あまり理解していないと思ったときは、時間をかけて、繰り返し指示をする。

　相手とうまくコミュニケーションを取るためには、相手が、自分が指示したことをどの程度理解しているのか確認することはとても大切です。指示を出す人が一方的に話をして、指示を受ける人がまったく何も答えない場合、本当に理解したかどうかはわかりません。

No.36

　指示を出した後、相手に質問して理解度を確認する。

　指示を理解したかどうか確認する方法として、指示を出した相手にいろいろ質問することは、相手の理解度確認とともに、適度な緊張感、当事者意識も芽生え有効です。

No.37

> 　指示に従わない作業者を見つけたら、粘り強く、繰り返し指示を出す。

　指示に従わない作業者に対しては、なんとかして従うように工夫するのか、排除するのかのいずれかです。この意見を出した人は前者です。粘り強く事にあたれば、必ずうまくいくという信念があると思います。

　ただ、指示を聞かない場面に何度も何度も直面したときは、最終手段として、厳しい態度で臨むことも、時に必要ではないかと思います。

No.38

> 　特に、危険な作業の場合など、安全指示だけではなく、現場で作業に立ち会う。

　現場では、実際に作業を見てみないと、どこに危険があるのか正確にわからないこともあります。特に危険な作業の場合、初めての作業の場合など、安全指示を出した者が現場で作業に立ち会うことも必要です。

No.39

> 　安全をすべてに優先させる。指示が守られていないことを見つけたら、見逃すことなく、必ず指示を守らせる。

　現場で安全指示が守られていないことを見つけたら、どのように対応するか。これはとても重要なことです。しかし、現場で一番難しい問題でもあります。

　実際に、指示を守ろうとしない作業者を見つけても、見て見ぬふりをして、守らせることができないことが少なくありません。

　しかし、それではいけません。

６．指示を受ける人に応じた指示をする、 良好な人間関係を構築する

そのほか、指示をうまく伝える秘訣としては、指示を受ける人の性格、技量を踏まえた指示を行うこと、現場の良好な人間関係の構築、などがあげられています。

No.40

> 常日頃のあいさつ、現場での会話に努め、相手の性格、作業態度を把握し、指示を守るかどうか見極める。

普段から作業者の性格や行動を観察することが必要です。自分で勝手に作業を進めたり、出来高のみを優先させたりする人は、危険を軽視しがちで指示が守られないことが多い傾向です。

No.41

> 作業者の力量に合わせて指示をする。

経験の浅い作業者には、その指示をなぜ守らなければならないかを含め、懇切ていねいに説明します。一方、ベテラン作業者には、できる限り一方的な安全指示をすることは控え、意見を聞きながら、指示の内容を固めていくことが効果的です。

　指示をうまく伝えるためには、現場関係者の良好な人間関係を築くことが大切である。みんなが仲間であるという意識を浸透させ、現場全体のよい雰囲気を作ることが大切である。

　現場で働く人たちの間で良好な人間関係を構築することが、安全指示をうまく伝える秘訣です。そのための現場のよい雰囲気づくり。とても多くの現場管理責任者がこの点を指摘しています。

4 のまとめ

安全指示をうまく伝えるための秘訣

1．指示を出す人に対するもの

NO.1　若手は、ベテランの職人に対して、もっと自信をもって指示を出さなければならない。そのためには、現場の責任者であることを自覚し、安全意識を一段と高めることである。

NO.2　指示を出す人が、安全に対する意識を明確に示す。例外は認めない、安易な妥協はしない。

NO.3　指示を出す人が作業内容をよく理解し、どこにどのような危険がどのくらいの大きさであるのかを把握する。そのためには、リスクアセスメント教育が有効である。

NO.4　指示を出す人が、「安全と生産（施工）は一体である」、「安全と施工ともに重要である」という信念をもつ。

NO.5　指示を出す人が強い信念をもち、全員を安全活動に巻き込んでいく。自らの安全に取り組む姿勢が、そのまま現場に反映されてしまう。

NO.6　指示を出す人は安全関係法規を覚えておく。特に、その中の数値を覚える。

NO.7　指示を出す人は、日頃から、作業者との良好な人間関係を築いておく。その中で、彼らの安全意識を高めさせる。

NO.8　指示を出す人は、作業者に対し威圧的な言動は避けるようにする。

NO.9 　現場管理者と作業責任者（職長等）による入念な作業前打ち合わせが必要である。これがないと、作業者への効果のある具体的な安全指示はでてこない。

NO.10 　現場で現物を現実に、見て聞いて触れて、指示をするという「三現主義」を貫く。

2．指示を受ける人に対して

NO.11 　安全意識が低い作業者が多い。このため、指示がマンネリにならないことに注意している。どうして指示を守らなければならないかを説明する。

NO.12 　安全意識が低い作業者に対しては、一方的に指示をするのではなく、作業者から提案させたり、その提案を実践したりする取り組みも必要である。

NO.13 　「自分のための安全」と思っている作業者は、様々な安全活動に協力的である。現場で必ず行うことは、新規入場者教育で「安全の素晴らしさ」を伝えることである。「なぜ安全が大切なのか」を伝えることができれば、作業者は多くの危険を回避できる。

NO.14 　職長の安全意識の低さが問題である。職長によってＫＹ活動の緊張感に大きな差がある。緊張感をもって指示を伝えなければ、その指示は伝わらない。

NO.15 　作業者の安全意識を高めるため、①自分だけは大丈夫という間違った考えを取り除く、②事故は発生後に様々なところに波及していく、③事故を起こすと多くの人に迷惑がかかり多くの人に責任が及ぶ、などを教える。

NO.16　安全意識には個人差がある。指示の理解度にも個人差があるので、同じことを指示しても、行動が異なることがある。

NO.17　指示を守らないと「おこられる」とか「法違反だ」ではなく、指示を守らないと「他人を危険にさらす」ことにつながることを理解させる。

NO.18　指示を守らないのは、いつも同じ作業者である。指示を守らないならば、作業をさせない、現場から退場させるなどの厳しい措置も時に必要である。そうすることにより、周りへの影響は大きい。

NO.19　作業者が、どの程度危険予知ができるのか把握し、十分に危険予知できない作業者には教育を行う。自分で作業の危険を考え、対処していく力を身につけることが、安全指示が正確に伝わる第一歩である。

NO.20　作業者が、安全を考えたり意識したりする時間を作ることが必要と考え、作業前に、作業者を交えその作業の安全について話し合いを行う。いろいろな意見が出てくる。安全のみならず、作業ミス、作業ロスがなくなることにつながるなどといった利点も生まれる。

3．指示の内容について

NO.21　口頭による指示だけではなく、作業要領図、使用する機械・工具や作業者の位置関係などがわかるポンチ絵、現場状況写真等を用い、誰がどのような手順でどのような作業をするか、全ての作業者に理解してもらうことが重要である。

NO.22 新しい作業を開始する前は、作業場所に作業者を集めて、図、ポンチ絵などを用いて作業内容を説明し、その上で注意事項を指示する。

NO.23 あいまいな指示をしない。「足元注意」は安全指示ではない。どのようにして足元に注意するのか説明することが必要である。また、「朝一番」、「昼一番」は、1～2時間は平気でずれてしまう。

NO.24 作業員が納得しやすい指示をする。例えば、単に「保護メガネをしなさい」ではなく、「溶接作業は目を傷めるので保護メガネをして作業をしてください」のように、どうして保護具を着用しなければならないか説明を加えて指示をする。

NO.25 過去の事故事例を用い、それをこれから行う作業にあてはめて事故をイメージさせ、指示を守る意識を高めさせる。

No.26 指示を出す人の自らの体験談を話し、指示を守らせる意識を高めさせる。自らの体験談は身近に感じる。

NO.27 指示は、できる限り難しい技術用語は使わず、わかりやすい言葉で説明する。

4．指示の伝え方について

NO.28 多人数の作業者に対し、一度に指示をうまく伝えるためには、ポイントを絞ることが一番である。

NO.29 相手が多人数になると指示が伝わりにくい。指示を守ろ

うとする意識が弱まってしまう。指示はできる限り少人数に対して行う。

NO.30　安全指示をうまく伝えるためには、まず人の名前を覚え、直接名前で指示することである。確実に伝わる。また、指示をした人に、指示を守ることの宣言として、「はい」と返事をさせる。

NO.31　口頭で指示する場合、不要な尾ひれをつけず、簡潔でわかりやすい言葉で指示する。尾ひれの部分は一度指示した後で補足として話す。

NO.32　現場が当初の状況と異なる場合は、いったん作業を中止し、作業者全員を集めて作業打ち合わせを行い、安全指示を行ってから作業を再開する。

NO.33　指示した内容は、相手が理解したかどうか確認することが重要である。人は「右」だと言っても、「左」と思い込んでしまうことがある。

No.34　作業に追われながら指示をしてはいけない。余裕をもつことが大切である。

5．指示をした後で確認する

NO.35　指示を出した後、相手の反応をよく観察し、理解度を確認する。あまり理解していないと思った時は、時間をかけて、繰り返し指示をする。

NO.36　指示を出した後、相手に質問して理解度を確認する。

NO.37　指示に従わない作業者を見つけたら、粘り強く、繰り返し指示を出す。作業者との良好な人間関係ができれば、指示に従うはずである。

NO.38　特に、危険な作業の場合など、安全指示だけではなく、現場で作業に立ち会う。

NO.39　安全をすべてに優先させる。指示が守られていないことを見つけたら、見逃すことなく必ず指示を守らせる。

６．指示を受ける人に応じた指示をする、良好な人間関係を構築する

NO.40　常日頃のあいさつ、現場での会話に努め、相手の性格、作業態度を把握し、指示を守るかどうか見極める。

NO.41　作業者の力量に合わせて指示をする。

NO.42　指示をうまく伝えるためには、現場関係者の良好な人間関係を築くことが大切である。みんなが仲間であるという意識を浸透させ、現場全体のよい雰囲気を作ることが大切である。

オンラインミーティングなどを活用した新しい指示の伝達方法

あなたが、今日の午前中の作業状況をイメージして指示しているのに、指示を受ける相手が、昨日の午後の作業状況をイメージしてその指示を聞いていたら、話はかみ合うわけがありません。

話しが終わって何となくお互いが理解したような気になっても、想定した指示の前提が異なるため、さまざまな食い違いが生じてきます。

指示をする場合、指示を出す側と指示を受ける側との間で、思い浮かべる作業状況、作業周辺環境などを同じにする「情報の共有化」が重要になります。

情報の共有化を図るにはＩＣＴ（情報通信技術）の活用が勧められます。具体的には、オンラインミーティング、スマートフォンやタブレット端末などの活用です。

昨今の新型コロナウイルス感染症の拡大で、三密（密閉、密集、密接）の回避が強く求められ、対面での打ち合わせに替わり、オンラインミーティングが爆発的に増えています。オンラインミーティングをうまく活用すれば情報の共有化が進み、指示をうまく伝える現場をつくることができます。今はその絶好の機会ととらえられます。

１．感染予防対策のためのオンラインミーティングの実施

国土交通省、東京都などでは、新型コロナウイルス感染拡大を防止するため、現場の感染予防対策ガイドラインを公表し、その中で、オンラインミーティングの活用を掲げています。具体的には以下のとおりです。

①現場と事務所間の情報共有

　少人数の集まりにするため、オンラインミーティングを活用し、現場と事務所間で遠隔開催を行い、作業状況の情報共有を行います。スマートフォンを使ったオンラインミーティングもあります。

出所：国土交通省「建設業における新型コロナウイルス感染予防対策ガイドライン」

②作業打ち合わせ

　毎日の作業打ち合わせもオンラインミーティングで開催するほか、メールや携帯電話を活用し、対面での打ち合わせを減らします。

【事例：遠隔打ち合わせ】

出所：国土交通省「建設業における新型コロナウイルス感染予防対策ガイドライン」

③遠隔現場管理

　遠隔でも現場状況が把握でき、検査なども行えるようにします。工程管理や現場状況の確認などは、Webカメラ、通信端末等により遠隔で行います。

携帯webカメラで撮影した
現場状況がテレワーク
実施者のPCへ表示

現場パトロール状況

携帯Webカメラ着用状況

テレワークでの現場確認状況

テレワーク中の担当者でも、自宅でPC等で確認・指示・注意を行うことができ、テレワークの活用と現場における対人接触の低減に資する

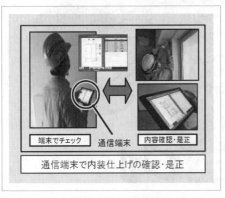

端末でチェック　通信端末　内容確認・是正

通信端末で内装仕上げの確認・是正

Webカメラを利用した遠隔検査

出所：国土交通省「建設業における新型コロナウイルス感染予防対策ガイドライン」

2. スマートフォンやタブレット端末の活用

　現場では、スマートフォン、タブレット端末の活用も進んでいます。その最大の特徴は、それらは現場に持ち出せる大きさであることです。

　実際の作業場所で、図面、写真を閲覧することができます。図面などを見て、全員で確認することにより、ミーティングの前提条件が同じになるとともに、想像力が働いた意見や答えを引き出す可能性も高まります。

　また、図面や書類を電子化して保存すれば、大量の図面や書類を持ち出さなくてすみます。

　スマートフォンやタブレット端末で図面や写真などの最新情報を閲覧するには、クラウド・コンピューティングの活用も有効です。

　あなたが指示を出す上で必要な情報が、最新の状態で、現場で閲覧可能になります

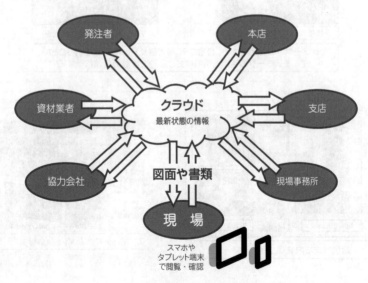

図：現場でのクラウド

3. 活用のポイント

　先に述べたとおり、安全指示がうまく伝わらない原因には、①指示を出す人、②指示を受ける人、③指示の内容、④指示の伝え方それぞれに特有の原因があります。オンラインミーティング等を活用することにより、それらを改善することができます。順に見ていきます。

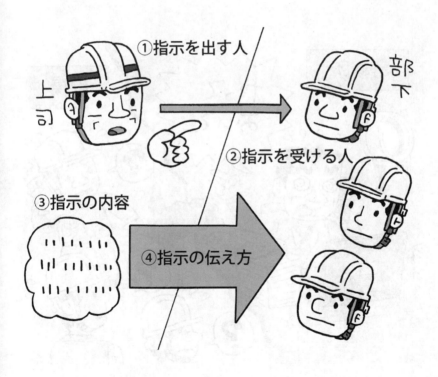

①指示を出す人

　安全指示を出す人が、作業の安全のポイントを十分に理解していない
と、指示はうまく伝わりません。その原因の一つに、指示を出す人が、
事務所での書類作成業務や、様々な打ち合わせなどで忙しく、そのため、
現場に行けずに作業状況が把握できないことがあげられます。

　的外れな指示にならないようにするためには、刻々と変わる現場の作
業状況を把握し続ける必要がありますが、Webカメラで作業状況を確
認しながらオンラインミーティングを行うことができます。

②指示を受ける人

　指示を受ける人の安全意識が低いと、その指示に従わず、指示が守られなくなります。その対策としても、オンラインミーティングを活用し、現場との打ち合わせを簡単なものでも構いませんのでこまめに行い、作業者の声を聞きます。このことは、作業者の安全意識の向上につながります。また、Webカメラを活用し、現場の作業状況をみることにより、本当に指示が伝わっているのか、指示どおり作業を行っているのかなどを確認することもできます。

　また、常時、Webカメラで作業状況を撮影すれば、監視効果が働き、作業者を「指示に従わないと注意される。従わなければ」という意識にさせることもできます。

③指示の内容

　指示は、マンネリとなったり、あいまいだったりすると、伝わらなくなります。

　あいまいな指示をなくすためには、５Ｗ１Ｈを明確にした指示が求められますが、オンラインで作業状況などを互いに確認すれば、指示の内容に、何を（What）はなくても、どのように（How）は簡単に説明するだけで、指示をうまく伝えることができます。

　また、オンラインで刻々と変わる作業状況を見れば、マンネリ化の解消につながります。

④指示の伝え方

　指示の伝え方が原因でうまく伝わらないケースには、指示が一方的である、一度に多くの人に指示をする、危険なポイントがイメージできない伝え方であるなどがあげられます。

　オンラインミーティングを活用すれば、画面上で作業者一人ひとりと接しやすく、指示の理解度を確認しやすいため、一方的な指示を解消できるとともに、一度に多くの人に指示することも支障がなくなります。また、オンラインで現場状況を確認することにより、危険なポイントもイメージしやすくなります。

小学校で学習意欲を高めるオンライン授業

　コロナ禍の下、小学校でもオンライン授業が増えていますが、オンライン授業により、これまでの教室での対面授業ではなかった新しい教育効果が見受けられています。

　対面授業では、先生が「この問題わかる人？」と問いかけ、何人かが手を挙げても、多くの場合、先生が指名するのは1人だけであり、その生徒が答えて授業が進んでいきます。手を挙げても指名されない生徒が心の中に持つ回答は、決して表に出ることはありませんでした。

　しかし、オンライン授業で先生が問題を出せば、全ての生徒が紙に答えを書き、画面上に回答を表示することなどにより、自分の回答を他の生徒が見られるようになりました。このことは、生徒の授業への参加意識の向上につながっていると評価されています。

4. オンラインミーティング活用の実践

　ここまで、指示がうまく伝わらないさまざまな原因に対し、オンラインミーティングの活用による改善策を見てきましたが、それを現場で実践するためには、何がポイントとなるのか解説します。

①全員参加による情報共有

　オンラインミーティングに作業グループ全員が参加することにより、現場管理者は、指示を一度に伝えることができます。そして、そこで、作業者に発言を促すことにより、現場の実情、課題などを把握することができ、現場関係者全員がそれらを瞬時に共有することができます。

②現場の真の姿を知ることができる

　指示をうまく伝えるためには、現場の真の姿を、指示を出す側、指示を受ける側が共有しなければなりません。

　オンラインで作業状況をリアルタイムで把握することができれば、問題点の抽出、その解決策等を踏まえたさまざまな安全指示を出すことができます。

③監視効果に期待

　オンラインにより現場の真の姿をリアルタイムに把握することができるようになれば、監視効果が期待でき、作業者の不安全行動の抑制につながります。

④複数オンラインの効果的な活用

　オンラインミーティングを高度に活用し、メイン会議と、その下に小グループ会議を設置し、小グループ会議で話し合った結果を、メイン会議で発表することもできます。

　例えば、会社で発生した労働災害をテーマに、その原因は何なのか、どうすれば再発を防止できるか、各小グループ（作業チーム、請負業者等）で話し合い、その結果をメイン会議で発表します。

　小グループでの話し合いは作業者一人ひとりの参加意識が高くなることは言うまでもありません。また、遠方者同士が容易に話し合うことができるなど、距離に関係なく討議できることは、オンラインミーティングの大きなメリットといえます。

⑤非定常作業での活用

　現場では、急に作業が変更された時、突然、機械が故障し修理が必要になった時など、予定外、緊急時の非定常作業が少なくありませんが、非定常作業の労働災害は多発しています。

　その理由として、予定外、緊急時に発生する非定常作業は、定常作業と比べ、急を要するため作業に潜むリスクを十分に洗い出すことが難しく、また、故障した機械を修理しなければならない時などは、急ぎを優先するがあまり機械を動かしながら修理するなどの不安全行動をとることも少なくないからです。

　作業チームだけでは、非定常作業の作業手順を定めたり、各手順に潜むリスクを洗い出したりすることが難しい場合もあります。

　このような非定常作業の課題を効果的に解消するには、安全管理者と作業チームの緊急オンラインミーティングがあげられます。

　多くの関係者の叡智を集めれば、作業性と安全性に優れた作業手順、各作業に潜むリスクがより早く見つけられます。

⑥一人作業での活用

　一人作業の安全確保にもオンラインをうまく活用します。

　現場では、一人作業を禁止しているところが数多く見受けられますが、点検作業や軽作業など、一人で作業せざるをえない状況も出てきます。

　一人作業は、誰も見ていないため作業者の不安全行動を抑制するすべがなく、作業者の行動は本人に委ねられます。これでは、作業がうまく進められなかったり、時間が足りなかったりすると、不安全行動やむなしに陥りやすくなります。また、不安全行動をしても、誰もそれを知ることができません。

　やむを得ず一人作業を行う場合、オンラインをうまく活用し、一人作業の状況をリアルタイムで把握することにより、作業者の行動の監視、忍び寄る危険から作業者を守ることができます。

⑦ヒヤリハットの効果的収集

　オンラインを活用すれば、ヒヤリハットも効果的に収集できます。

　作業者がヒヤリハットに遭遇したら、その場でその状況を撮影し、ちょっとした解説を加えれば、瞬時にヒヤリハット報告動画を作成することができます。

　動画であるため、発生状況がよくわかります。

　オンラインミーティングで、その撮影動画を上映すれば、現場関係者全員で情報が共有化でき、再発防止策の話し合いが活発になります。

6 安全指示の上達のため、「コーチング」を学ぼう！

　ここまでは、指示がうまく伝わらない原因を洗い出し、現場経験が豊富な現場管理責任者の意見などを基に、その対策などを示してきました。

　ここからは、「指示を出す人」にスポットを当て、「指示を出す人」が指示をうまく伝えるためにはどうすればよいか？　その具体策について学んでいきます。

1．指示を出す人へ

　指示をうまく伝えるため、あなたは、「自分自身のこと」、「相手のこと」、「伝達方法」の３つのことを考える必要があります（図6-1）。

自分自身のこと

　指示をうまく伝えるには、その場を仕切って指示を伝える「あなた自身」が考えを実践すべきことがあります。

相手のこと

　指示は、「伝えたら終わり」ではありません。あなたが指示した内容を、相手が理解して行動に移さなければ、指示が伝わったことにはなりません。
　そのためには、相手のことを理解する必要があります。また、相手との良好な人間関係を築くことが必要になってきます。

伝達方法

　指示といっても、あなたから相手に「一方的に」与えるだけではうまくいきません。単なる一方通行ではなく、指示を相手とのコミュニケーションの一環としてとらえ、有効となる伝達方法を見出す必要があります。

図6-1　「指示を出す人へ」３つのポイント

指示をうまく伝えるということは、「伝えるあなた」が適切な「伝達方法」を用いて「伝えらえる相手」との意思の疎通を完成させることである、と理解してください。

　あなたが伝える指示の内容を相手が理解して、さらに相手がその指示に基づいて行動するまでの流れを完成させる必要があります。そうしなければ、現場で労働災害が発生し、人の命が危険にさらされるおそれが生じるのです。

　相手に実際に行動するきっかけを与え、その行動をフォローするには、コーチングという手法が有効です。

2．コーチングとは

　「コーチ」というと、スポーツのコーチが想像されますが、まさに、そのコーチが実施すべきことをまとめたものがコーチングです。指示においては、指示を出すあなたがコーチになって、指示を受ける人を正しい行動に導かなければなりません。

　コーチングを一言でいうと、次のようになります。

「あなたと相手が会話を重ね、相手に目標達成に必要な能力、知識、意識などを備えさせ、目標達成に向けた行動を促していくもの」

　コーチングは一人対一人のやり取りが基本ですが、これをグループ間のやり取りに適用するのがグループコーチングです（以下、この本では両方をまとめてコーチングといいます）。

日々、あなたが実践しているＫＹ活動や作業打ち合わせにおいて、安全指示を一方的に伝えることによる「教える」という内容のものから、**指示を伝える相手の「自発的な行動を促す」という内容のものに変える**ことが、コーチングの手法を導入することにより可能になります。

　「伝達方法」については、指示の具体的内容や伝え方になりますが、コーチングでいう相手の「自発的な行動を促す」という点からは、「質問の仕方」が重要になります。

3．相手への質問の仕方が重要

　指示を「一方的に伝える」のではなく、相手への質問を通じ、あなたの伝えたいことを相手自身に気づかせるようなテクニックが求められます。

　また、従来、安全指示を伝える際に用いられてきた、イラスト、図面、写真等に加え、近年、さらに進化したＩＣＴ（情報通信技術）の効果的な活用も考えてみましょう。

　ＩＣＴを活用する最大の利点は、情報の「見える化（イメージ化）」と「共有」です。スマートフォンやタブレット端末は、そのハード自体の進化により、携帯性が格段に向上し、現場に持ち出すことが可能となりました。また、ソフト面でも「クラウド」という考え方により、情報の共有化、情報へのアクセスの即時性の向上などが進んでいます。

　「安全指示を伝える」という行為は、「作業中、常に安全を確保し、労働災害を防ぐ」ことを最終的な目的とします。
　上記の３つの点を踏まえ、コーチングの手法に基づき、「指示をうまく伝えるポイント」を紹介していきます。

ポイント❶：相手の話を「聞く」のが基本

　コーチングの基本は「相手の話を聞くこと」です。

　言い換えると、相手に話してもらうことにより、相手が積極的に考えたり、行動したりすることを促します。

　どのようにして相手の話を聞き出すのか？　相手に話をさせるのか？　それを可能にするのが「質問」です。

　あなたからの質問と相手からの回答を積み重ねることにより、相手の持っている情報、知識、技量、安全意識等を把握し、また、相手自身にも気づかせ、目標を達成するために、どのような情報、知識等が必要で、どのような行動をすべきなのかを具体化させていきます（図6-2）（効果的な質問の仕方やスキルについては後述します）。

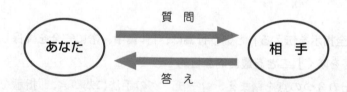

図6-2　質問と答えのやり取りを通じて

　逆に言うと、あなたから一方的に指示を伝えるだけでは、相手は自ら

考えることも行動することもしないおそれがあります。

　ＫＹ活動で話題になったことを忘れて作業を行い、労働災害が発生。このようなことが実際に起きています。

　このため、「相手の話を聞く」、「相手にしゃべってもらう」ことが基本になります。そうするためには**「あなたからの質問」がカギを握っている**と考えましょう。

例１：相手の話を聞かないと・・・

（次のような「一方通行」なＫＹ活動になっていませんか？）

あなた：「今日の作業は、資材搬入作業です。Ａさんは、手詰め・足詰めのないよう、荷上げ作業を進めてください」

Ａさん：「・・・・」

あなた：「Ｂさんは、荷台上では足元注意で進めてください」

Ｂさん：「・・・・」

あなた：「Ｃさんは、玉掛ワイヤーの点検を行ってから作業に入ってください」

Ｃさん：「・・・・」

あなた：「それでは本日もご安全に！」

みんな：「・・・ご安全に・・・」

ポイント❷：相手が答えやすい環境を作る

　あなたの質問に対して、相手が答えるためには、相手が話しやすい環境を作ることが重要です。

　相手が話しやすい環境とは、**あなたとの人間関係が良好で、相手に「安心感」を与えられる環境**のことです。

　このような環境を作るためには、普段からの相手との接し方が重要になります。

　「おはよう」、「お疲れさま」といった普段のあいさつや声掛けをすることが第一歩です。

　こうした行為は「アイスブレイク」と呼ばれています。

例2：アイスブレイク―普段の会話

　あなた：「おはよう！」

　相　手：「おはようございます」

　あなた：「あれ、元気ないね？　体調悪いの？」

　相　手：「実は、〇〇〇なことがあって・・・」

　あなた：「そうか。よかったら、相談に乗るよ」

例３：アイスブレイク―ＫＹ活動開始前の雑談

あなた：「昨日はパチンコに行ったんですか？」

相　手：「行きましたよ」

あなた：「どうでした？　勝ちました？」

相　手：「大勝ちしましたよ」

あなた：「それで、機嫌がいいんですね！」

　相手を話しやすくさせるためには、「ペーシング」というテクニックもあります。

　ペーシングとは、相手と同調して相手の防衛意識を弱めることです。相手にあなたへの親近感を作り出す効果があります。

　具体的には、①共通の話題を話す、②視線を合わせる、視線の高さを合わせる、③同じ速さ、同じトーンで話す、④相手の言葉をさえぎらない、⑤あいづちやうなずきで相手の言葉に応える、⑥相手の言葉をオウム返しに繰り返す、などがあります。

　特に、相手の言葉をオウム返しに繰り返す行為は、相手の話をちゃんと聞いているよというメッセージになり、相手がもっと話そうとする意欲が高まり効果的です。

例４：ペーシングの例―オウム返しを使ったやり取り

相　手：「今日は、30個完成させたよ」

あなた：「30個ですか！　すごいですね」

相　手：「あと３日もあれば、終わると思うんだけど」

あなた：「あと３日ですね。その後の工程を考えましょう」

逆に、次のような態度は、相手にとって話しにくい環境となります。避けなければなりません。

① **攻撃的**な態度
② **優位**に立とうとする態度
③ **偉そうな**態度
④ **心ここにあらず**というような様子
⑤ **神経質**な仕草・振る舞い

　このうち①～③については、ＫＹ活動などの場を「**会話の勝ち負けを決める場**」としてとらえたり、現場を管理する側と管理される側の関係を「**主従関係**」ととらえたりして、このような態度を取る場合が見受けられます。

　相手に対し、「**命令して従わせる**」という心理が働いています。**改めなければなりません。**

例5：安全活動は勝ち負けを決める場ではありません

（こんな態度になっていませんか？）

あなた：「昨日の作業終了のときにお願いしたこと、できていませんね」

相　手：「あー、ごめん。忘れちゃってさ」

あなた：「忘れちゃったって。どうしたら、そんな簡単に忘れられる
　　　　のかな」

相　手：「・・・・」

高圧的

ポイント❸：相手の答えを引き出す

　相手の自発的な行動を促すためには、先に述べたとおり、ＫＹ活動の場などで、相手に「しゃべってもらう」、「話してもらう」ことが効果的です。

　心理学的に見ても、**自分が話をしたことや宣言したことは、責任を感じて実際の行動に移す**ことが多いことが確認されています。

　ここで重要なのは、相手に考えさせ、相手の答えを引き出すことです。**相手が答えるまで、「じっくり待つ」**という姿勢がとても重要になります。

　相手の答えがなかなか出てこない場合でも、あるいは、あなたが答えをすでに持っている場合でも、相手が答えるまで待ちましょう。

　相手を待つということは、**「相手を信じている」**というメッセージにもなります。

　相手の答えをじっくり待つといっても、相手の力量を大きく超える質問などでは相手は答えることができません。

　相手の答えを引き出すための効果的な質問、質問の仕方に工夫が必要です。また、相手が答えにたどり着くように、「誘導質問」を入れることも効果的です。

例６：誘導質問を出しながら相手の答えを待つ

　あなた：「今日のコンクリート打設作業。どんなことに注意しますか？」

　相　手：「えーと・・・」

　あなた：「打設場所は、多くの人がいますよね？」

相　手：「そうだ。声を掛け合って、作業が重ならないようにする」

あなた：「コンクリートバケットでの打設作業の注意点は？」

相　手：「バケットの下に入らないよう、誘導者の指示に従う」

あなた：「バイブレータを使いますよね？」

相　手：「えーと・・・防振用の手袋とゴーグルを着用します」

あなた：「そうですね。いま、答えてくれたことをもう一度復唱して
　　　　みてください」

　ここで注意したいのは、**あなたがするのは「質問」であって、「詰問」
ではありません**。詰問とは相手を問い詰めること。このようなことをし
ても、相手からは自発的な行動を促すような「答え」は返って来ません。
それどころか、相手が心を閉ざしてしまい、黙り込んで話さなくなるお
それもあります。

例7：質問のフリをした詰問

あなた：「今日の目標に届かなかったのは、どうしてですか？」

相　手：「それがさぁ、○○○が出てきちゃってさ」

あなた：「そのとき、なぜ教えてくれなかったんですか？」

相　手：「○○○の対処で忙しくて、ついうっかり・・・」

あなた：「うっかりじゃ困るんですよ。事態が悪化するとは思わない
　　　　んですか？」

相　手：「・・・・・」

ポイント❹：相手を自発的な行動に導く

　あなたが相手に質問しても、あなたが期待していた答え、または望んでいた答えが返ってこないときもあります。

　この場合、あなたが相手に「こうしてもらいたい」と思っていることが、相手に正しく伝わっていない、または相手が理解していない可能性があります。相手があなたの期待している答えを出すレベルに達していないことも考えられます。

　このような場合、あなたが期待している答えを引き出すまで、延々と質問を続けるのではなく、こちらから「〜してほしい」とストレートにリクエストすることも有効です。

　ストレートにリクエストすることで、**相手が自分でも気づいていない可能性を引き出すことも期待**できます。これを繰り返すことで、相手の成長につながります。

　また、相手に行動をリクエストする際には、**その行動によって、「よい結果」が得られることをイメージさせましょう。**

　行動をリクエストした際、相手は無意識のうちに、行動の過程で生じそうなイヤなことや面倒なことを想像して、そのリクエストを受け入れたくなくなる場合があります。

　相手の自発的な行動を促すためにも、よいイメージを持たせることが重要です。

　ストレートにリクエストするときに必要なことは、相手に任せる勇気と、相手は必ず実行できるという信頼です。
　この勇気と信頼を得るためには、やはり普段からの相手との良好な人間関係の構築、相手の考え方、行動、安全意識の観察が重要となります。

　リクエストした内容について、**相手がやる気を持って動き始め、目標に向かって行動し続けるようにするためには、あなたの「フォロー」が重要**になります。

　フォローは、事後だけでなく、リクエストを伝える段階から始めます。具体的には、次のような手順を取ります（**図6-3**）。

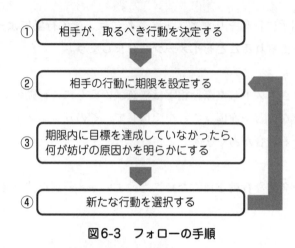

図6-3　フォローの手順

　この手順で重要なのは④です。**妨げとなった原因を明らかにし、具体的な対策を考える**ことが相手の成長につながります。

　もちろん、コーチングの手法を用いて、**あなたが相手の能力を引き出す**ことがポイントです。

　手順③を実施するためには、あなた自身も行動中の相手を観察しておき、行動の改善や阻害要因の排除のために必要な情報を収集しておくことが望ましいでしょう。

ポイント❺：相手を理解する

　あなたが安全指示を伝える相手は一人ではありません。複数の人間がいる場合、全員の「タイプ」が同じであることは、まずありません。

　あなたが**指示をうまく伝えるためには、相手のタイプによって質問の仕方を使い分ける必要があります**。このため、相手の「タイプ」を把握することはとても重要になります。

　さらに言うと、ＫＹ活動や作業打ち合わせなどでは、あなたは複数の人に対し、同時に指示をする場合も多いでしょう。この場合、相手のタイプごとに質問の中身を切り替えながら、ＫＹ活動などを進行させていくテクニックが求められます。

人間のタイプの分け方にはいろいろな考え方がありますが、ここでは他人とのコミュニケーション時の行動や考え方の傾向に着目し、①コントローラータイプ、②プロモータータイプ、③アナライザータイプ、④サポータータイプの4つのタイプを考えます（図6-4）。

　もちろん、すべての人間がこれらのいずれかのタイプに分けられるわけではありません。コントローラータイプでありながら、アナライザーの一面を持っている人もいるでしょう。また、置かれた環境によって、本来のタイプとは異なる行動や考え方をせざるを得ない場合もあります。

　一方的に決めつけるのは危険ですが、おおよそのタイプを把握しておくことは、あなたが指示をうまく伝えるうえで役立ちます。

コントローラータイプ
自分の思いどおりに物事を進めたがる

- 行動的、野心的、エネルギッシュ
- 決断力がある・ペースが速い
- 人を寄せ付けない印象を与える・他者から怖がられる

プロモータータイプ
他人と一緒に活気のあることをするのが好き

- アイデアが豊富で想像力もある
- 細かいことはあまり気にしない
- 飽きっぽい
- 社交的でオープン
- よく話して、あまり聞かない

アナライザータイプ
事前に情報を集めて分析し、計画的に物事を進めるのが好き

- 行動は慎重
- 客観的、冷静
- 実直であるが、対人関係では頑固
- 他人を批判することは好まない

サポータータイプ
人を援助することを好み、協力関係を大事にする

- 協調性が高く、意欲もある
- 決断には時間がかかる
- 感情に基づいて判断する
- 他人の気持ちや評価に敏感
- 他人の頼みにノーと言えない

図6-4　4つのタイプとその特徴

　以下、タイプ別の接し方のヒントを示します。

①コントローラータイプへの接し方
　コントローラータイプは、「あなたが相手をコントロールしない」ようにするのが重要です。
　ただ、実際には、あなたが上手に質問を繰り出して相手をコントロールしつつも、相手が自分の思いどおりに物事を決めていると思わせるようなテクニックが必要になります。

　コントローラーへの接し方のコツは、あなたが**謙虚な姿勢**になることです。質問の冒頭に「**教えてほしいのですが**」、「**忙しいとは思いますが**」と言うなど、謙虚な姿勢を示し、質問の本題に入るのがいいでしょう。
　注意すべき点は、「**下手（したて）**」になりすぎないことです。相手を尊重し、立てるという心構えで臨みましょう。

謙虚に

CONTROLLER

②プロモータータイプへの接し方

　プロモータータイプは、**自分のアイデアや考えに自信を持っています**。このため、頭ごなしにこれらを却下しないような注意が必要です。

　また、やる気にややムラがあるのが特徴なので、やる気をキープさせることも重要です。

　プロモーターへの接し方のコツは、**相手のアイデアや考えを狭めない**ようにすることです。あなたが落とし込みたい答えに誘導する場合でも、まずは、相手の自由なアイデアや考えを聞き、「**なるほど！**」、「**それはいいアイデアですね**」などとうなずき、相手をその気にさせることがポイントです。

③アナライザータイプへの接し方

　アナライザータイプは**マイペースを大切**にします。そのペースを尊重することが重要です。また、慎重に手堅く物事を進めるのが得意ですが、反面、大きな変化、突発的な出来事、新しいことへの対応はやや苦手な傾向があります。

　アナライザータイプは、客観的事実に基づき、行動や考えを決める傾向がありますので、**質問のコツは、できるだけ具体的な質問**をすることです。

　また、アナライザータイプは、自分の考えをできるだけ整理して正確に話したいと思う傾向もあります。このため、整理のために多少の時間がかかるかもしれません。

　相手の答えをせかしたりしないで、**相手のペースを尊重して「じっくり待つ」姿勢**で相手の答えを待ちましょう。

④サポータータイプへの接し方

　サポータータイプは、**他人の気持ちや表情に敏感**です。自分自身の気持ちを後回しにしても、他のメンバーとの協調関係を築くことにやりがいを覚える傾向があります。また、自分がしたことを認められたいという欲求が強いので、高く評価することが重要です。

　サポータータイプは、自分を抑えて相手の気持ちや期待に応えようとするあまり、自分で考えることを放棄してしまう場合があります。
　そのため、「○○さんは、どう思う？」、「○○さんの**意見を聞かせてほしい**」などといった質問で、相手が自ら考えるように導きましょう。

ポイント❻:質問の仕方・質問のテクニック

コーチングにおいて、効果的な質問とは、

「相手が自分で思っているよりも多くの情報、知識などを持っていることに気づかせ、その情報、知識などを使える状態に導くこと」

を満足することのできる質問です。効果的な質問のポイントは次のとおりです。

(1) 質問の種類

①クローズドクエスチョン—YES/NOで答えられる質問

クローズドクエスチョンとは、相手が「はい/YES」または「いいえ/NO」のいずれかで答えられる質問です。

事実関係や相手の気持ちなどを確認したいときには、「○○は終わりましたか?」、「○○をしてくれますか?」というような**「~か?」の形で終わる質問**が効果的です。

また、相手のYESを引き出したい場合には、「○○をやってくれますね?」、「○○に運んでくれますね?」というような**「~ね?」の形で終わる質問**を使ってみましょう。

この「~ね?」という形の質問は、相手がNOとは答えにくい雰囲気を持っています。

それと同時に、先に述べたように、相手がYESと言うことで、自身の発言に責任を持ち、実際に行動する可能性が高まることも期待できます。

　ＫＹ活動などの場の最後に、その場を振り返り、行動内容の再確認、互いの意思確認を行うなどの目的で使うのが効果的です。

例8：相手のYESを引き出す質問

（ＫＹ活動の最後で話の内容を振り返るときに）

あなた：「では、今日のＫＹ活動の確認ですが、Ｄさん、さっきお願いしたとおり、始業前に親綱の点検をしてくれますね？」

Ｄさん：「はい。わかりました」

②オープンクエスチョン　５W１Hを使った質問

　先のクローズドクエスチョンのようにYES／NOでは答えられない質問がオープンクエスチョンです。特徴は「５W１H」を使うことです。

　「いつ」（When）、「どこで」（Where）、「誰が」（Who）、「何を」（What）、「なぜ（目的）」（Why）、「どのように」（How）を明らかにするため、また、相手自身の言葉で自由に答えてもらうために使うと効果的です。

　ただ、「なぜ」という質問は注意が必要です。「なぜ、○○をしたのですか？」、「なぜ、○○ができないのですか？」という言い方は「質問」ではなく、相手を責める「詰問」になってしまうおそれがあるからです。

　これを避けるため、過去の原因を突き止めるWHYの質問を、未来の行動を探すWHAT／HOWの質問に置き換えてみましょう。

　例えば、「どうして、○○をしたのですか？」は「**何が、○○の原因だったのですか？**」に、「なぜ、○○をできなかったのですか？」は「**どうすれば、○○できるようになるのですか？**」に置き換えるといった具合です。

　ＫＹ活動や作業打ち合わせなどでは、「○○注意」、「○○の徹底」、「○○の確認」といった言葉や、「十分に」、「確実に」といった副詞が多用されます。
　しかし、これらの言葉はまったく具体的ではありません。相手がこのような答えを返してきた場合、**オープンクエスチョン**を使って、**具体的な意識づけと行動を促しましょう**。

例9：オープンクエスチョンを使ってより具体的に

　あなた：「Ｅさん、今日の作業の注意点は何ですか？」
　Ｅさん：「足元注意です」
　あなた：「**どんなこと（What）**に注意をしますか？」
　Ｅさん：「えーと、足場を踏み外さないようにします」
　あなた：「**どうすれば（How）**、踏み外さないようにできますか？」

Eさん：「足場板が固定されているかを確認します」

あなた：「**いつ（When）**、確認しますか？」

Eさん：「作業前に確認します」

③選択肢を盛り込んだ質問

　クローズドクエスチョンは、相手が受け身になってしまう可能性があります。一方、オープンクエスチョンは、相手の答えがまったくの見当違いであったり、肝となる答えが出てくるまで時間がかかったりする場合があります。

　こうした、いわばそれぞれの弱点を補うため、**相手への質問の中に、選択肢を盛り込む**方法があります。

　例えば、「○○を取り付けるには、◎◎と、△△と、□□の方法がありますが、**どの方法がいいと思いますか？**」というように、いくつかの選択肢をあげ、相手に選ばせる手法であれば、相手も答えやすくなります。

　ただ、この方法は、相手の自主的な考えや自由な発想を妨げるおそれもあります。そこで、具体的な選択肢に加え、相手が自分で考える可能

性を残す「その他」という選択肢を増やしてみましょう。

　例えば、「○○を取り付けるのに、◎◎と、△△の方法があるけど、**その他の方法はないですか？**（あえて、□□の方法を言わずに、相手に答えさせる）」というような質問です。

　選択肢を盛り込んだ質問の応用として、相手に選択肢を考えさせる方法があります。

　例えば、「○○を取り付けるのには、どんな方法がありますか？　3つあげてください」と質問します。ここでは、複数の選択肢を答えてもらうことがポイントです。

　人は、答えを1つ出すと、そこで思考を停止させる傾向があります。より広範のことに気づいてもらうためには、**複数の選択肢を考えさせる**ことが効果的です。

④数字で答えてもらう質問

　「○○の作業の進み具合ですが、完了を100％としたら、いま何％くらいですか？」というような数字で答えてもらう質問もあります。

　この質問のねらいは、**その答えを皮切りにさらに質問を重ねてコミュニケーションを密にすること**ができます。

　例えば、先の質問に対し、「今は70％くらいですね」という答えが返ってきたら、「残り30％を完了させるには、あと何日かかりますか？」とか、「70％になるまで、何か気づいた点や困った点はなかったですか？」とか、「今までの経験から、残り30％を進めるのに何か改善できること

はありますか？」など、より踏み込んだコミュニケーションが可能です。

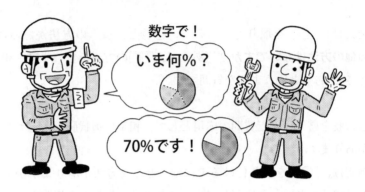

⑤１つの質問に１つの答え

　１回の質問で求める答えは１つになるようにしましょう。

　同時にいくつもの答えを求めるような質問は、ポイントが何なのか、ぼやけてしまいます。相手を混乱させるおそれもあります。

　１つの質問、１つの回答。これを繰り返し、最終的にあなたが期待する答えに導きましょう。

(2) 質問の順番

　ＫＹ活動などの場で、コーチングの手法を用いて参加者全員の話を引き出したり、目標を共有化したりするには、質問の順番が重要になります。

　誰から順番にどのような質問をするのかを工夫することで、話の深まり方が異なってきます。できるだけ短時間で効果的なミーティングにするためにも重要です。

①必ず答えられる小さな質問から始める

　抽象的な質問や答えを出すのに考える時間が必要な質問をいきなりしてはいけません。相手は答えられなくなり、話そうとする意欲を摘んでしまいます。

　相手から徐々に多くを引き出すためには、相手が必ず答えられるような小さな質問から始めることがポイントです。

②質問は「よい答え」をもらえそうな人から順番に

　経験や知識が豊富な人、話が上手で場を盛り上げてくれる人、**明確な表現ができる人**。まず、このような人に質問をして答えてもらうことで、場の流れを作ることができます。

　次の質問は、その次にいい答えを持っていそうな人に対して行います。このように、**いい答えを持っている可能性の高い人から順々に答えを引き出す**ようにします。

　こうすることにより、話の停滞や沈黙を防ぎ、話しやすい環境を作ることが可能になります。

③相手を特定してする質問と全員に問いかける質問とを使い分ける

　相手を特定してする質問は、その相手が答えを持っていそうだと予測されるときに適しています。

　しかし、相手を特定する質問を繰り返すと、「自分が質問されたときにだけ答えればいい」という心理が働き、ＫＹ活動などへの参加意識が薄れ、受け身になるおそれが出てきます。

　こうした気持ちにはならず、自発的な答えを引き出すためには、あえて相手を特定しないで参加者全員に問いかける質問をときどき混ぜ込みましょう。

　全員に問いかける質問が適しているのは、参加者の誰がどんな意見や情報を持っているか予測できないときや、場が盛り上がって多くの参加者から意見や提案が出てきそうなときです。

　ただ、全員に問いかける質問は、相手を特定しないため、誰も声を発しないおそれもあります。

　会話が滞ったら、質問の中身を変えたり、相手を特定する質問に変えたりしましょう。

⑶ 質問を通じた場の構成

　作業の安全を確保し、労働災害を起こさないという目的をかなえるためには、ＫＹ活動などの場で目標を設定し、その目標に向かって参加者の行動を決定し、実際に行動に移すというプロセスが実施されるべきです。

このため、無計画に相手に質問するのではなく、プロセスをきちんと踏むような場の構成が必要です。

コーチングでは、「GROWモデル」という手法が使われています。

GROWモデルとは、Goal（目標の設定）、Reality（現状の把握）、Resource（使える資源）、Option（行動の決定）、Will（目標達成の意思）の各単語の頭文字をつなげたものです。Grow（育てる）という単語の意味にも通じます（**図6-5**）。

図6-5　GROWモデル

①G（Goal）：目標の設定

作業グループのグループ全体の目標と、グループ全体の目標を達成するために設定される個人の目標の2種類を設定します。

まず、全体の目標を設定したうえで、各個人の目標を設定します。

全体の目標を決めるときはグループ全員に問いかける質問を、個人の目標を決めるときは相手を特定した質問を中心に進めていきます。

例10：全体と個人の目標設定のための質問

あなた：「皆さん、本日の作業は資材の荷下ろし作業です。全国で、
　　　　つり荷の落下災害は多発しています。本日は、特に、つり荷
　　　　の落下災害を防止しましょう。いいですね？」

全員　：「わかりました！」

あなた：「Fさん、作業開始前に玉掛けワイヤーの点検をしてくださ
　　　　いね」

Fさん：「わかりました」

あなた：「Gさんは、必要なつり金具の個数の確認です」

Gさん：「了解です」

あなた：「Hさんは、介錯ロープを準備してください」

Hさん：「はい。了解」

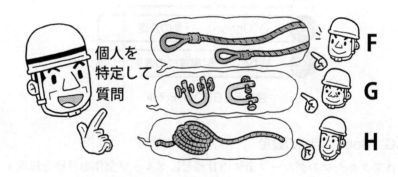

②R（Reality）：現状の把握

　相手が個人の目標に向けて行動するにあたり、現状を十分に把握させ
る必要があります。

　例えば、**作業の手順、作業場の状況、相手の能力、知識、安全意識**な
どです。これらを質問によって引き出します。

例11：現状把握のための質問

　あなた：「Ｉさん、今日の作業の手順を説明してもらえますか？」

　Ｉさん：「はい。まず、・・・（手順の説明を行う）」

　あなた：「ありがとうございます。手順はそのとおりですね。今日は、
　　　　　作業の途中で測量が入ります。そのときはどうしましょうか？」

　Ｉさん：「そのときは、○○○したらいいと思います」

　あなた：「そうしましょう。みなさんも、わかりましたね？」

　全　員：「了解です！」

③Ｒ（Resource）：使える資源

　相手が個人の目標を達成するために使える資源を明らかにします。

　工具、資材などはもちろんですが、**協力を得られる他のメンバーの知識や経験も資源**と考えます。

　技量や知識が十分でないメンバーに対して、**目標達成のために使える資源がたくさんあることを認識させる**ことは、**非常に重要**なプロセスです。

使える資源を明らかにするためには、対象の相手だけでなく、その同僚や先輩などにも質問して答えを導くのがよいでしょう。

例12：使える資源を確認するための質問

（Ｊさんは経験の浅い作業員です。Ｋさんは中堅で経験も豊富です。）

あなた：「Ｊさん、今日は、高所での鉄筋組立てになるけど、どんなことに注意しますか？」

Ｊさん：「墜落しないように墜落制止用器具を使用することと・・・」

あなた：「他に注意点はありませんか？」

Ｊさん：「えーと・・・」

あなた：「Ｋさん、どう思いますか？」

Ｋさん：「工具を落とさないように、落下防止ストラップを取り付けます」

あなた：「そうですね。Ｋさん、Ｊさんにアドバイスしてあげてくださいね。Ｊさんも、Ｋさんの経験を見習ってください」

Ｊさん、Ｋさん：「了解です」

④O（Option）：行動の決定

　Optionはもともと選択肢という意味ですが、**目標を達成するための方法の選択肢をいろいろと考え、最終的に選択された方法で行動する**ことを決定します。

　Resourseと同様に、対象の相手だけでなく、**メンバー全員で考えるような質問**が効果的です。

例13：行動を決定するための質問

　あなた：「それでは、今日の作業について、安全上の最重要ポイント
　　　　　をもう一度言ってみましょう」

　Lさん：「足場上から墜落しないように墜落制止用器具を使用するこ
　　　　　と」

　あなた：「それから？」

　Lさん：「手すり、中さんが取り付けられているか、確認すること」

　あなた：「Mさん、もう１つありましたよね？」

　Mさん：「作業前に足場板が固定されているか、確認すること」

　あなた：「そうですね。今言ったことを実行して安全に作業をしま
　　　　　しょう」

　Lさん、Mさん：「了解です」

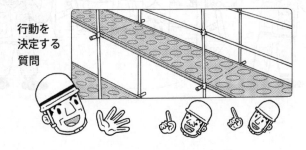

行動を
決定する
質問

⑤W（Will）：目標達成の意思

目標を達成するための最終段階として、**メンバー全員のやる気や意思を引き出します。**

やる気や意思を確認し、実際の行動に結び付けるためには、各人から「やります」という宣言（しぶしぶ、イヤイヤではない宣言）をさせるような質問をします。

例14：目標達成の意思を確認するための質問

あなた：「Nさん、さっき提案してくれた立入禁止についてですが、Nさんが自ら設置してくれませんか？」

Nさん：「そうだね。言いだしっぺだから、俺がやるよ！」

あなた：「お願いします」

6のまとめ

コーチング

・あなたと相手が会話を重ね、相手に目標達成に必要な能力、知識、意識などを備えさせ、目標達成に向けた行動を促していくもの

（相手への質問の仕方がポイント）

ポイント1：相手の話を「聞く」のが基本

ポイント2：相手が答えやすい環境を作る
・日頃の挨拶など普段からの相手との接し方が重要（アイスブレイク）
・相手と同調して相手の防衛意識を弱める（ペーシング）。
・攻撃的な態度をみせない。

ポイント3：相手の答えを引き出す
・誘導質問を出しながら相手の答えを待つ。
・相手を問い詰める「詰問」をしない。

ポイント4：相手を自発的な行動に導く
・あなたから「〜してほしい」とリクエストすることも有効
・行動をリクエストする際、よい結果が得られることをイメージさせる。
・あなたの「フォロー」で相手のやる気を高める。

ポイント5：相手を理解する
①コントローラータイプ（自分の思い通りに物事を進めたがる）
　・あなたが相手をコントロールしないことが重要
②プロモータータイプ（他人と一緒に活気のあることをするのが好き）

・アイデアや考えに自信がある。それらを尊重しその気にさせる。

③アナライザータイプ（事象を分析し計画的に物事を進めるのが好き）

・その人のペースを尊重する。質問のコツはできるだけ具体的に。

・考えを整理して話すため時間がかかる。「じっくり待つ」姿勢が大切。

④サポータータイプ（人を援助することを好み、協力関係を大事にする）

・自分で考えることを放棄してしまうことがある。「○○さんは、どう思う？」と、相手が自ら考えるように導く。

ポイント６：質問の仕方・質問のテクニック

効果的な質問とは、質問相手に対し、本人が思っている以上に情報や知識等を持っていることに気づかせ、それを引き出すことができる質問

(1) 質問の種類

①クローズドクエスチョン

・YES／NOで答えられる質問

②オープンクエスチョン

・５W１Hを使った質問

③選択肢を盛り込んだ質問

・いくつかの選択肢をあげ、相手に選ばせる。

④数字で答えてもらう質問

⑤１つの質問に１つの答え

(2) 質問の順番

①必ず答えられる小さな質問から始める

②質問は「よい答え」をもらえそうな人から順番に

③相手を特定してする質問と全員に問いかける質問とを使い分ける

(3)　質問を通じた場の構成

G	G（Goal）：目標の設定
R	R（Reality）：現状の把握 R（Resourse）：使える資源
O	O（Option）：行動の決定
W	W（Will）：目標達成の意思

図　GROWモデル

7 作業別にみたコーチング実践例

　実際の現場で行われている安全指示は、先に述べたとおり、「○○の徹底」、「○○の確認」、「○○に注意」や、「十分に」、「確実に」、「しっかり」、「すぐに」などを多用したものが頻繁に出されています。

　しかし、このような安全指示は、あまりにも抽象的すぎて、「どのように"徹底"するのか」、「どうすれば"確実に"なるのか」といったことが明らかになっていません。

　ここでは、現場でよく行われる作業を対象に、正しい安全指示をするためのポイントについて、前章で紹介したコーチングの手法を用いた事例を紹介します。

　それぞれの事例の共通ポイントは、**相手への質問を通じて、「抽象的なもの」を「具体的な行動」に導いていく**ことです。

1. 積載形移動式クレーン（ユニック車）による荷上げ・荷下ろし作業

●よくある安全指示1：「玉掛け確認」「玉掛け注意」

荷上げ・荷下ろし作業時に重要な「玉掛け」ですが、「玉掛け」の一言の中には非常に多くの要素を含んでいます。

これらに気づかせるような安全指示にする必要があります。

次のように改善してみましょう。

●改善事例1：

あなた：「Jさん、ユニックで資材の荷下ろし作業をお願いします。注意する点は何ですか？」

Jさん：「玉掛けを注意して行います」

あなた：「どんなことに注意しますか？　3つあげてください」

Jさん：「玉掛けワイヤーの点検、つり荷の重さがクレーン定格荷重以内かどうかの確認。それと、地切り。地切りでは30cm上

　　　　げたところで3秒間停止して、3m離れたところで荷の安定
　　　　を確認します」

あなた：「そうですね。3・3・3運動ですね。玉掛けワイヤーの点検
　　　　が終わったら、私に報告してください」

Jさん：「わかりました」

●よくある安全指示2：「つり荷の下に入らない」

　荷上げ・荷下ろし作業を行う現場では、「つり荷の下に入らない」という安全指示は、毎日のように出されています。しかし、それにもかかわらず、つり荷の落下による事故がなくなりません。

　つり荷の落下をゼロにすることはできません。このため、たとえつり荷が落下しても事故につながらないように、つり荷の下に人が入らないようにすることが大切です。

　どのようにすれば、つり荷の下に入らないようにできるのでしょうか。

　具体的な対策を講じるために、次のように改善しましょう。

●改善事例2：

あなた：「Hさん、ユニック車による荷上げ、荷下ろし作業で注意す

　　　　ることは何ですか？」

Ｈさん：「つり荷の下に入らないこと」

あなた：「どうすれば、つり荷の下に入らないですみますか？」

Ｈさん：「作業半径内に立ち入らないように、カラーコーンとコーン
　　　　バーで作業半径内を区切るよ」

あなた：「そうですね。ほかには？」

Ｈさん：「ユニック車のオペのＩさんから見えるところで、荷上げと
　　　　荷下ろしをする」

あなた：「そうしましょう。Ｉさんもお願いします」

Ｈさん：「Ｉさん、今のことを守って作業しような」

Ｉさん：「了解！」

●よくある安全指示3：「つり荷との接触注意」

　つり荷との接触により被災するケースのほか、足場上などにいる作業者が接触し、墜落するなどの二次災害を引き起こすおそれもあります。

　つり荷との接触を防ぐために何に注意するのか。

　次のように改善しましょう。

●改善事例3：

　あなた：「Kさん、今日のユニック車を使った作業での安全対策は？」

　Kさん：「つり荷との接触注意」

　あなた：「つり荷と接触しないためには、どうしますか？」

　Kさん：「つり荷が振れないように、介錯ロープを使う。それと、1本つりはしない。」

　あなた：「そうですね。つり荷が振れるだけでなく、落下の危険も高いから、1本つりは絶対にしないでくださいね。他に何かありますか？」

　Kさん：「地切りはしっかり。30cm上げたところで3秒間停止して、3m離れたところで荷の安定を確認します」

　あなた：「そうですね。Kさん、これらを守ることができますか」

　Kさん：「はい」

●よくある安全指示４：「ユニック車の足元を確認」

　ユニック車を使った荷上げ・荷下ろし作業では、重量物の荷下ろし作業での転倒災害が多くなっています。

　転倒事故を防止するためには、アウトリガーを張り出すこと、地盤の強度確保などが必要です。

　次のように改善してみましょう。

●改善事例４：

　あなた：「Ｌさんは、ユニックで鉄筋の運搬をしますが、何に注意し
　　　　　ますか？」

　Ｌさん：「ユニック車の足元を確認する」

　あなた：「どのようにして確認しますか？」

　Ｌさん：「アウトリガーを完全に張り出す・・・えーと」

　あなた：「アウトリガーの足元は、何かしますか？」

　Ｌさん：「そうだ。敷き板を置きます」

　あなた：「そうですね」

2．足場組立て作業

●よくある安全指示５：「墜落注意」

　高所作業で墜落防護ができない場合、墜落災害防止のためには、親綱を張り、そこに墜落制止用器具を掛けることが重要です。この親綱の設置にも多くの要素が隠れています。

　次のように改善してみましょう。

●改善事例５：

　あなた：「Mさん、足場組立て作業では、安全上、何に注意しますか？」

　Ｍさん：「墜落に注意です」

　あなた：「墜落しないためには、どのような対策を取りますか？」

　Ｍさん：「親綱を設置します」

　あなた：「いつ親綱を設置しますか？」

　Ｍさん：「次の段の組立てに入る前です」

　あなた：「親綱を設置してから、足場組立てを始めてくださいね」

　Ｍさん：「はい。そうします」

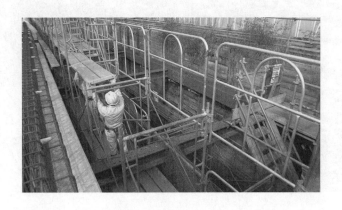

●よくある安全指示6：「墜落制止用器具の使用徹底」（その1）

　墜落災害を防止するためには、墜落制止用器具を装着し、これを使用することが重要です。しかしながら、装着しても使用しないケースが数多く見受けられます。

　次のように改善してみましょう。

●改善事例6：

　あなた：「Nさん、足場組立作業で注意する点は何ですか？」

　Nさん：「墜落制止用器具使用の徹底です」

　あなた：「どうやって徹底しますか？」

　Nさん：「使用していない人を見たら、すぐに注意して、使用させるとか・・・」

　あなた：「そうですね。声を掛け合って、墜落制止用器具の使用を確認し合いましょう。Nさんが、確認の責任者になってもらえますか？」

　Nさん：「わかりました」

●よくある安全指示7：「資材・道具の落下注意」

　足場上から落下した資材や道具が、下にいた作業員に当たって被災するような事故も少なくありません。資材や道具が落下しないように、具体的な対策を講じることが重要です。

　次のように改善してみましょう。

●改善事例7：

　あなた：「今日は足場の組立て作業ですが、○さんは、どのようなことに注意しますか？」

　○さん：「資材や道具の落下注意」

　あなた：「具体的には、どうやって注意しますか？」

　○さん：「足場上が整理整頓されているか、確認します」

　あなた：「そうですね。そのほかには、どうしますか？」

　○さん：「幅木が設置、固定されているか、確認します」

　あなた：「いつ、確認しますか？」

　○さん：「作業開始前に確認します」

　あなた：「メッシュシートの点検もお願いします」

　○さん：「了解です」

　あなた：「その他には何かありますか」

　○さん：「・・・・・」

　あなた：「そもそも落下をゼロにすることはできますか？」

　○さん：「・・・そうか。万が一、落下した場合でも、災害が発生しないよう、上下作業の禁止」

　あなた：「そのためには？」

　○さん：「落下のおそれがある範囲にロープを張り、「関係者以外立入禁止」の看板をつけます。さらに、その中に人が入らないよ

う、作業指揮者が監視をします」

あなた：「そうですね。これで万全です」

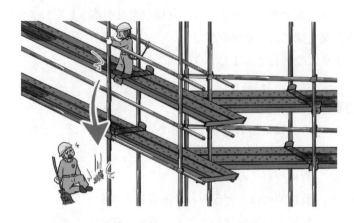

● **よくある安全指示8：「不安全行動の禁止」**

　足場上での不安全行動は、墜落災害につながります。絶対にしてはいけません。ただ、**不安全行動にもいろいろあり、人によって想像するものが異なります。**

　次のように改善してみましょう。

● **改善事例8：**

　あなた：「Ｐさん、足場の組立て作業で注意する点は何ですか？」

　Ｐさん：「不安全行動の禁止」

　あなた：「どんなことが不安全行動ですか？　3つあげてください」

　Ｐさん：「墜落制止用器具を使用しない、手すりを外したままにする、
　　　　　上下作業をする・・・かな？」

　あなた：「そうですね。手すりを外したままにしないためには、どう
　　　　　しますか？」

Ｐさん：「手すりを外す場合はリーダーの許可をもらってから外し、周辺にロープを張り、立入禁止看板をつけ、関係者以外の立ち入りを禁止します。その後、手すりを戻したらリーダーに報告します」

あなた：「そうですね」

3. 開口部養生を外しての荷上げ作業

●よくある安全指示9：「開口部養生が外れていることの周知徹底」

　本来、開口部養生は外さないようにするのが原則ですが、開口部を使った資材搬入作業の場合など、やむを得ず外す場合も出てきます。

　この場合、関係者以外に対し、養生が外れていることを周知することとや、開口部にできるだけ近づかせないようにすることが重要です。

　次のように改善してみましょう。

●改善事例9：

　あなた：「今日は、スラブの開口部養生を外して資材搬入を行いますが、Qさん、どんな点に注意が必要ですか？」

　Qさん：「開口部養生が外れていることの周知徹底」

　あなた：「どうやって周知を徹底しましょうか？」

　Qさん：「作業時間を決めます。昼の12時から13時までの1時間。このことを、現場の全員に伝えます。この時間なら昼食時なので、現場には作業関係者以外はいません」

　あなた：「いい考えですね。そのほかには何か考えられますか？　Rさん」

　Rさん：「念のため、作業範囲を立入禁止にします。カラーコーンとコーンバーで、立入禁止区域を明示し立入禁止看板を設置します」

　あなた：「立入禁止区域ですね。なるほど。Rさん、その設置をやってくれますか？」

　Rさん：「了解です」

●**よくある安全指示10：「墜落制止用器具の使用徹底」（その2）**

　やむを得ず、開口部養生を外して作業する場合、開口部からの墜落防止のため、墜落制止用器具を使用することは重要です。

　足場組立て作業時と同様に、次のように改善してみましょう。

●**改善事例10：**

　あなた：「今日は、養生を外して屋根の開口部から荷上げすることになります。Sさん、開口部から墜落しないためにどうしますか？」

　Sさん：「墜落制止用器具の使用を徹底する」

　あなた：「徹底するには、何が必要ですか？」

　Sさん：「きちんと墜落制止用器具をつなげられる親綱が必要だな」

　あなた：「なるほど。Sさん、Tさんと一緒に、親綱の設置をしてくれますか？」

　Sさん：「いいよ」

　あなた：「KY活動が終わったら、SさんとTさんと私で、親綱の設

置の仕方を相談しましょう」

Ｓさん・Ｔさん：「了解」

4．はしご設置・使用

●よくある安全指示11：「使用前点検の徹底」

　はしごを使用するときは、そのはしごが損傷していたり、劣化したりしていないか、使用前に点検することが重要です。どのような項目を点検するのか、事前に点検項目を定め、これを遵守するようにします。

　次のように改善してみましょう。

●改善事例11：

　あなた：「今日ははしごを使う作業になります。Uさん、何か注意点
　　　　　はありますか？」

　Uさん：「使用前点検の徹底」

　あなた：「具体的には、どういうことをしますか？」

　Uさん：「使うはしごに異常がないか、壊れていないかを点検する」

　あなた：「Uさん、使用前点検項目のチェックリストは知っていますか？」

Uさん：「はい。知っています」

あなた：「そのチェックリストを使って、使用前点検を行ってください」

Uさん：「わかりました」

●よくある安全指示12：「はしごの固定」

　はしごからの墜落災害を防ぐためには、**はしごの正しい設置方法、正しい使用方法を知っているかどうかを確認**することが重要です。

　次のように改善してみましょう。

●改善事例12：

あなた：「Vさん、はしごを使うときの安全上の留意点は？」

Vさん：「はしごを固定して使う」

あなた：「どうやって固定しますか？」

Vさん：「下端に滑り止めがついているはしごを使用し、はしごを立てかける鋼材に番線で結んで固定します」

あなた：「Vさん、はしごを固定したら、私に教えてくれますか？」

Vさん：「はい」

●よくある安全指示13：「はしごの踏み外し注意」

当たり前ですが、はしごを踏み外すと滑り落ちます。踏み外さないようにするには、具体的にどのような点に注意するのか、どのような対策を講じるのかを明らかにしておきます。

次のように改善してみましょう。

●改善事例13：

あなた：「Wさん、掘削作業で床付面と地上部の間の昇降時には、はしごを使用しますが、注意する点は？」

Wさん：「踏み外し注意です」

あなた：「具体的にどんな対策をしますか？」

Wさん：「靴の裏に泥が付いていると滑りやすいので、はしごの下に泥を落とす洗い桶とブラシを置いておきます」

あなた：「では、Wさん、洗い桶とブラシを段取りしてもらえますね？」

Wさん：「はい。了解です」

5．脚立使用作業

●よくある安全指示14：「脚立からの墜落注意」

　脚立からの墜落災害は、はしご同様、**建設業でも製造業でも多発して**います。

　脚立を使用する場合、墜落を防ぐための正しい使い方を確認し、実践してもらいます。次のように改善してみましょう。

●改善事例14：

　あなた：「Xさん、今日は脚立を使った作業になりますが、注意する点は何ですか？」

　Xさん：「脚立からの墜落注意だな」

　あなた：「どんなことに注意しますか？　3つあげてください」

　Xさん：「天板に乗らない、物を持って昇降しない、脚立を背にして降りない」

　あなた：「そうですね。Yさん、ほかにはありますか？」

　Yさん：「うーん、身を乗り出して作業しないように、脚立をこまめに移動させる、とか」

あなた：「そうですね。XさんとYさんは同じ作業ですので、お互いに
　　　　声を掛け合って、今話した注意点を守ってもらえますね？」

Xさん・Yさん：「了解」

●よくある安全指示15：「脚立の足元注意」

　脚立は手軽に移動させることができるので便利ですが、脚立が転倒し
ないように設置場所の移動のたびに設置状態を確認することを忘れては
いけません。

　足元注意という安全指示に隠れている重要なポイントに気づいてもら
うことが必要です。

　次のように改善してみましょう。

●改善事例15：

あなた：「Zさん、今日の作業は、何回も脚立を移動することになり
　　　　ますが、安全上の注意事項は？」

Zさん：「脚立の足元に注意する」

あなた：「そうですね。どうやって注意しますか？」

Ｚさん：「脚立を動かした後、脚立の足がぐらぐらしないか、地面に
　　　　　めり込んだりしないかを確かめてから、作業をする」

あなた：「そうですね。地面にめり込むときは、どうしますか？」

Ｚさん：「敷板を置いて、その上に脚立を乗せるよ」

あなた：「敷板の数は足りますね？」

Ｚさん：「うん、ちゃんとあるよ。さっき確認した」

●よくある安全指示16：「手元注意」

　脚立を設置するときや移動するときに、可動部分などに指をはさんで
ケガをすることがあります。これを防止するために、手元の注意が必要
ですが、注意する具体的なポイントを明らかにしておきます。

　次のように改善してみましょう。

●改善事例16：

　あなた：「イさん、脚立を使う作業でほかに気を付けることはあります
　　　　　か？」

イさん：「脚立使用時の手元注意」

あなた：「何に注意しますか？」

イさん：「えーと・・・・」

あなた：「どんなときに、手元を注意する必要がありますか？」

イさん：「脚立を折りたたむときかな」

あなた：「そうですね。脚立を折りたたむときは、何が危ないのかな？」

イさん：「支柱や開き止め金具に指をはさんでケガをする」

あなた：「そのとおりです」

6．グラインダーを使った作業

●よくある安全指示17：「グラインダー使用時のルールの徹底」

　グラインダー使用時の災害の特徴は、鋸歯に変えたり、飛散防止ガイドを外したり、保護メガネを着用しなかったりなどのルール違反による災害が多発していることです。ルール違反をさせないようにすることが重要です。

　次のように改善してみましょう。

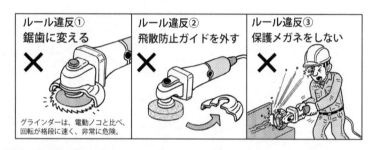

●改善事例17：

　あなた：「ロさん、今日はグラインダーを使いますね。どんな点に注意しますか？」

　ロさん：「グラインダー使用時のルールを徹底する」

　あなた：「どんなルールを守りますか？」

　ロさん：「飛散防止ガイドを外さない、保護メガネを着用することだな」

　あなた：「保護メガネだけですか？」

　ロさん：「そうだ、保護手袋と防じんマスクもだ」

　あなた：「ロさん、作業に入る前に、リーダーにグラインダーと保護具のチェックを受けてくれますね？」

　ロさん：「了解」

●よくある安全指示18：「グラインダーの跳ねに注意」

　手持ち式グラインダーは、回転しているディスクがほかのものに当たり、その反動で思わぬ事故を起こすおそれがあります。保護具の着用と、ディスクの回転が止まるのを確認してから手を放すことが重要です。

　次のように改善してみましょう。

●改善事例18：

　あなた：「手持ち式グラインダーの使用で注意することは何ですか？」

　ハさん：「グラインダーの跳ねに注意します」

　あなた：「どうすれば、グラインダーが跳ねないようになりますか？」

　ハさん：「ディスクの回転が止まるのを確認してから手を放します」

　あなた：「回転が止まるのを必ず確認してくださいね。約束してくれますか？」

　ハさん：「はい。了解です」

　あなた：「その他には？」

　ハさん：「保護具を着用します」

あなた：「どんな保護具ですか？」
ハさん：「保護メガネ、前垂れ、保護手袋です」
あなた：「そうですね。保護具は必ず着用してくださいね」
ハさん：「わかりました」

7. バックホウによる掘削作業

●よくある安全指示19:「作業箇所への立入禁止区域の明示」

　バックホウとの接触事故を防止するため、「立入禁止区域」を明示することは必要ですが、「作業箇所への立入禁止区域の明示」という安全指示では、具体的な行動が示されていません。このため、安全指示は、伝えただけで実行されないおそれがあります。

　また、立入禁止区域を明示しても、平気でその中に入る人が出てきます。それを防ぐため、監視人を配置することも重要で、それを指示に盛り込みます。

　次のように改善してみましょう。

●改善事例19:

　あなた:「作業箇所への立入禁止区域の明示だけど、Aさん、やってくれますか?」

　Aさん:「はい。わかりました」

　あなた:「いつ、設置しますか?」

　Aさん:「作業開始前に設置します」

　あなた:「どのように設置しますか?」

Aさん：「バックホウの作業半径の外に、カラーコーン、バリケード
　　　　を置きます」

あなた：「了解です。ただ、カラーコーンとバリケードでは、簡単にそ
　　　　れをまたいで入ってくる人がいますよね。どうしますか？」
Aさん：「まず、バリケードに立入禁止の看板をつけます。また、職
　　　　長に監視人になってもらい、目を光らせてもらいます」
あなた：「いいアイデアですね。これらを実行してくださいね」
Aさん：「はい」

●よくある安全指示20：「地山の点検の徹底」

　地山の崩壊による災害を防ぐため、バックホウのオペレーターに対
し、「地山の崩壊に注意して作業しなさい」というのは安全指示とは言
えません。掘削作業に集中している**オペレーターの注意力には限界があ
り**ます。作業前の地山の点検が欠かせません。

　しかし、「地山の点検の徹底」とだけ指示をしてもダメです。「**どうす
れば地山の点検を徹底できるのか**」を確認しなければなりません。

　また、点検を徹底したとしても、絶対に安全だとは言い切れません。
監視人を付けるなどのフォローアップも必要です。

　次のように改善してみましょう。

●改善事例20：

あなた：「Bさん（オペレーター）、バックホウの転倒防止のため、ど
　　　　　んなことをしますか？」

Bさん：「地山の点検を徹底します」

あなた：「具体的にどんな点検をしますか？」

Bさん：「作業前に、バックホウの作業箇所を目視して、ひび割れや
　　　　　亀裂がないか確かめます」

あなた：「了解です。監視人もいますので、作業中は監視人の指示に
　　　　　従ってくれますね？」

Bさん：「はい。従います」

●よくある安全指示21：「重機の足元確認」

　バックホウの作業時や移動時の転倒災害を防止するため、バックホウ
の足元を確認することは重要です。**バックホウのオペレーターには死角
が多く**、また、人間ですから注意力には限界があり、オペレーターを助
けてあげなければなりません。

　ただ単に「重機の足元確認」という安全指示ではなく、具体的な確認
方法を明らかにすることが重要です。

　次のように改善してみましょう。

●**改善事例21：**

あなた：「バックホウでの掘削作業で注意することは何ですか？　C
　　　　さん」

Cさん：「重機の足元確認です」

あなた：「どのように確認しますか？」

Cさん：「作業開始前に作業責任者と一緒に作業場所を歩いて、バッ
　　　　クホウの足元が悪そうな場所、転倒の危険性のある場所はな
　　　　いか確認します」

あなた：「そうですね。確認した内容を、作業責任者と一緒に記録簿
　　　　に書いてください」

Cさん：「はい。了解です」

あなた：「今日は、○○での掘削が終わったら、□□にバックホウを
　　　　移動しますよね？」

Cさん：「そうです。移動ルートについても、さっきと同じように作
　　　　業責任者と確認します」

あなた：「そうしてください」

●よくある安全指示22：「安全確保のため、誘導員の指示に従う」

　掘削作業で誘導員を配置することは有効な対策ですが、誘導員がどのようなときにどのような指示を出すのか、誰が誘導員の指示に従うのかなどを明確にしておく必要があります。

　次のように改善してみましょう。

●改善事例22：

　あなた：「Dさん（オペレーター）、作業中は誘導員Eさんの指示に
　　　　　従ってくださいね」

　Dさん：「はい」

　あなた：「Eさん、どのような指示を出しますか？」

　Eさん：「バックホウの後ろを人が通るときに、笛を吹き、Dさんの
　　　　　名前を呼んで作業を止めます」

　あなた：「了解です。作業が始まる前に、DさんとEさんと私とで、
　　　　　もう一度、指示について確認しましょう」

　Dさん、Eさん：「了解です」

●よくある安全指示23:「架空線への接触注意」

　バックホウによる掘削作業では、オペレーターは下を向いて作業に集中するあまり、上空にある架空線の存在を忘れ、アーム操作時に架空線を損傷させる事故が多発しています。架空線への接触注意という安全指示だけではなく、次のように改善しましょう。

●改善事例23:

　　あなた:「Fさん、今日の掘削箇所は上に架空線が走っているけど、どうしよう?」

　　Fさん:「架空線への接触注意」

　　あなた:「どうやって注意しますか?」

　　Fさん:「そうだな・・・・」

　　あなた:「架空線があることを忘れないようにすればいいと思うけど?」

　　Fさん:「掘削箇所の近く、オペレーターがよく見えるところに『架空線注意』ののぼりを置いて、忘れないようにするよ」

　　あなた:「そうしましょう。作業前に、架空線防護がきちんとされているかも確認してね」

　　Fさん:「わかった。確認したら報告するよ」

●よくある安全指示24：「バケットに積み過ぎの禁止」

道路掘削では、まず、バックホウで舗装面をはぎ取ります。

舗装ガラはバケットに積めない大きさになることが多く、舗装ガラはバケットに積み込むのではなく、バケット上に載せて運ぶことが少なくありません。

しかし、これが原因で、舗装ガラが落下し、周辺作業者に激突する災害が少なくありません。

バケット上に載せて運ぶことをどのように禁止すればよいのか。

次のように改善しましょう。

●改善事例24：

あなた：「Gさん、バックホウで舗装ガラをダンプに積み込む時の注意事項は？」

Gさん：「バケットへの積み過ぎ禁止だね」

あなた：「どういうことですか？　もう少し詳しく説明してください」

Gさん：「バケットの中に収まらないような大きな舗装ガラをバケットに載せるようにして運ばないこと」

あなた：「どうすれば守れますか？」

Gさん：「バケットの中に収まらない大きさのものは、小割りにしてから積み込むよ」

あなた：「そうですね。けど、それでも落下することはゼロにはできないですよね」

Gさん：「万が一、落下しても事故にならないように、作業者の立入りを見張っている誘導員○さんの指示に従うよ」

あなた：「そうですね」

悪い例

7 のまとめ

作業別にみたコーチング実践例

1. 積載形移動式クレーン（ユニック車）による荷上げ・荷下ろし作業

●よくある安全指示1：「玉掛け確認」「玉掛け注意」

・「玉掛け」という言葉には非常に多くの要素が含まれている。これらに気づかせるような安全指示を行う。

●よくある安全指示2：「つり荷の下に入らない」

・どのようにすれば、つり荷の下に入らないようにできるのか。具体的な対策を盛り込んだ安全指示にする。

●よくある安全指示3：「つり荷との接触注意」

・安全指示は、つり荷との接触を防ぐためにはどうすればよいのかを明確にする。

●よくある安全指示4：「ユニック車の足元を確認」

・転倒事故の防止には、アウトリガーを張り出すこと、足元の強度確保などが必要である。これらを1つひとつ指示する。

2. 足場組立て作業

●よくある安全指示5：「墜落注意」

・具体的にどのようにして親綱を設置するのかを確認する。

●よくある安全指示6：「墜落制止用器具の使用徹底」（その1）

・いかにして墜落制止用器具を使用させるか。相手をその気にさせる指示をしなければならない。

●よくある安全指示7：「資材・道具の落下注意」

・資材や道具が落下しないように、具体的な対策を指示する。

●よくある安全指示8：「不安全行動の禁止」
・不安全行動にもいろいろあり、人によって想像するものが異なる。このことを踏まえて指示する。

3．開口部養生を外しての荷上げ作業
●よくある安全指示9：「開口部養生が外れていることの周知徹底」
・関係者以外に対し、まずは、養生を外すことを周知して、できるだけ近づかないことを指示することがポイントである。

●よくある安全指示10：「墜落制止用器具の使用徹底」（その2）
・やむを得ず、開口部養生を外して作業する場合、墜落制止用器具を使用することは重要である。いかにして墜落制止用器具を使用するかを明確にする。

4．はしご設置・使用
●よくある安全指示11：「使用前点検の徹底」
・どこをどのように点検するのか確認する。

●よくある安全指示12：「はしごの固定」
・はしごの正しい設置方法、正しい使用方法を知っているかどうか確認する。

●よくある安全指示13：「はしごの踏み外し注意」
・踏み外さないようにどのような対策を講じるのかを明らかにする。

5．脚立使用作業
●よくある安全指示14：「脚立からの墜落注意」
・脚立の正しい使い方を確認し、実践してもらう。

●よくある安全指示15：「脚立の足元注意」
　・足元注意という安全指示に隠れている重要なポイントに気づか
　　せる。

●よくある安全指示16：「手元注意」
　・脚立の可動部分などに指をはさむことを防止するため、具体的
　　なポイントを明らかにする。

6.　グラインダーを使った作業

●よくある安全指示17：「グラインダー使用時のルールの徹底」
　・グラインダー使用時の災害の特徴はルール違反。このため、
　　ルール違反をさせないようにすることが重要である。

●よくある安全指示18：「グラインダーの跳ねに注意」
　・手持ち式グラインダーは、保護具の着用と、ディスクの回転が
　　止まるのを待ってから手を放すことが重要。このポイントを忘
　　れずに指示する。

7.　バックホウによる掘削作業

●よくある安全指示19：「作業箇所への立入禁止区域の明示」
　・この安全指示だけでは具体的な行動が示されていない。監視人
　　の配置が重要で、それを指示に盛り込む。

●よくある安全指示20：「地山の点検の徹底」
　・「地山の点検の徹底」というだけではなく、「どうすれば地山の
　　点検を徹底できるのか」を確認することが重要である。

●よくある安全指示21：「重機の足元確認」
　・どのようにして足元を確認するかを明らかにすることが重要で
　　ある。

●よくある安全指示22：「安全確保のため、誘導員の指示に従う」
・誘導員がどのような時にどのような指示を出すのか、誰が誘導員の指示に従うのかなどを明確にする。

●よくある安全指示23：「架空線への接触注意」
・オペレーターの注意力には限界があり、架空線への接触注意という安全指示だけでは足りない。

●よくある安全指示24：「バケットに積み過ぎの禁止」
・バケット上への積み過ぎをどのように禁止すればよいのか明確にする。

【著者プロフィール】

講師名　高木 元也（タカギ　モトヤ）

所　属　独立行政法人労働者健康安全機構
　　　　　労働安全衛生総合研究所
　　　　　安全研究領域特任研究員
　　　　　博士（工学）

略歴

昭和58年、名古屋工業大学卒。総合建設会社にて、本四架橋、シンガポール地下鉄、浜岡電子力発電所等の建設工事の施工管理、設計業務、総合研究所研究業務、早稲田大学システム科学研究所（企業内留学）、建設経済研究所（社外出向）等を経て、平成16年、独立行政法人産業安全研究所（現独立行政法人労働者健康安全機構 労働安全衛生総合研究所）入所。リスク管理研究センター長、建設安全研究グループ部長、安全研究領域長等を歴任。

著書・映像教材（平成30年〜）

1. DVD危険軽視によるヒューマンエラー（労働調査会、平成30年）
2. みんなで守って繰り返し災害ゼロ！　現場の基本ルール（清文社、平成30年）
3. DVDみんなで守って繰り返し災害ゼロ！　現場の基本ルール（プラネックス、令和元年）
4. 危険感受性を向上させる安全教育・安全対策（清文社、令和元年）
5. DVD送検事例に学ぶ協力会社の事業者責任（労働調査会、令和元年）
6. 墜落災害防止17の鉄則（労働調査会、令和元年）
7. DVD危険感受性を向上させる安全教育・安全対策（プラネックス、令和2年）
8. 用具・工具別災害別作業員別でわかる！　安全作業・現場の基本（清文社、令和2年）
9. 高年齢労働者が安全・健康に働ける職場づくり －エイジフレンドリーガイドライン活用の方法－（共著、中央労働災害防止協会、令和2年）
10. DVD用具・工具別災害別作業員別でわかる！　安全作業・現場の基本（プラネックス、令和3年）
11. "エイジフレンドリー"な職場を目指す！　働く高齢者のための安全確保と健康管理（清文社、令和3年）
12. DVD信じられないヒューマンエラー（労働調査会、令和3年）　　等

委員歴（令和2年〜）

1. 厚生労働省、人生100年時代に向けた高年齢労働者の安全と健康に関する有識者会議
2. 厚生労働省、「見える」安全活動コンクール優良事例選考委員会
3. 厚生労働省、設計・施工管理技術者向け安全衛生教育支援事業の検討会
4. 厚生労働省、プラチナ・ナース就業における実態調査事業検討委員会
5. 消費者庁、消費者安全調査委員会専門委員
6. 経済産業省、鉱山保安指導員
7. 農林水産省、農林水産業・食品産業における労働安全強化事業の検討会
8. 中央労働災害防止協会、小売業、社会福祉施設及び飲食店における安全衛生管理体制のあり方に関する検討委員会
9. 建設業労働災害防止協会、建設業における外国人労働者の教育及び安全衛生標識等就労環境のあり方に関する検討委員会
10. 一般社団法人住宅生産団体連合会、工事CS・安全委員会

テレビ解説（令和2年〜）

NHKクローズアップ現代＋「あなたはいつまで働きますか？　〜多発するシニアの労災〜」
NHKニュースウオッチ9「急増する高齢者の労災」

新訂 安全指示をうまく伝える方法
オンラインミーティングを活用した新しい指示の伝達方法

令和3年10月25日　初版発行

著　者　高木　元也
発行人　藤澤　直明
発行所　労働調査会
　　　　〒170-0004 東京都豊島区北大塚2-4-5
　　　　TEL　03-3915-6401
　　　　FAX　03-3918-8618
　　　　http://www.chosakai.co.jp/

©Motoya Takagi 2021
ISBN978-4-86319-890-6 C2030